짚 한오라기의 혁명

自然農法

후쿠오카 마사노부 | 최성현 옮김

녹색평론사

自然農法 わら一本の革命
Copyright ⓒ 2004 福岡正信
Korean language edition ⓒ 2011 Greenreview Publishing.
Korean translation rights arranged with Michiyo Shibuya, Kanagawa
c/o Japan UNI Agency, Inc., Tokyo and KCC, Inc., Seoul.

서문

 전 지구가 사막화되고 있는 가운데 아름다움을 자랑하던 동아시아의 숲도 현재 빠른 속도로 파괴돼가고 있다. 그런데 녹지의 상실을 우려하고 걱정하는 이는 있어도 그 근본원인을 찾아서 해결하려는 이는 없다. 그저 결과만을 근심하며 환경보호의 관점에서 녹지 보호대책을 소리높여 외치는 정도인데, 그것만으로는 도저히 지상의 녹지를 부활시킬 수 없다.
 지나친 비약일지 모르지만, 지구의 사막화는 인간이 자연, 곧 신(神)으로부터 이탈한 채 홀로 생존하고 발전해갈 수 있다고 생각하기 시작한 그 교만한 사고에서 출발했다. 그 업의 불길이 지금 지구상의 모든 생명을 태워 소멸시키고 있는 게 증거라고 할 수 있다.
 생명이란 우주 삼라만상, 곧 대자연 그 자체의 합작품이다. 그 의미(과거)와 의지(미래)를 모른 채, 자연과 대립자가 된 인간은 자연을 이용하여 생명의 양식인 먹을거리를 기르며 살아가고자 하였다. 그때부터 인간은 어머니인 대지에 반역하여 그것을 파괴하는 사탄의 길로 나아갔던 것이다. 화전(火田)에서 시작한 농업 발달, 인간의 욕망에 봉사하는 농업의 변천 및 문명 발달의 역사가 그대로 자연파괴의 역사가 되어왔다.

자연에는 만물유전이라는 변화가 있을 뿐 발달은 없다. 시작도 끝도 없는 자연이 스스로 멸망하는 일은 없지만, 어리석은 인간에 의해 너무나 쉽게 파괴되기도 하는 것이 자연이다. 자연파괴란 본래 자연과 한몸인 인간이 벌이는 자살행위이자 인간에 의한 신들의 파괴와 죽음을 의미한다.

신이 인간을 버리는 것이 아니다. 인간이 신을 버리고 멸망해가는 것이다. 그리고 그것은 아주 쉬운 일이다.

그릇된 사탄의 지혜를 내세우며 푸르름을 잃어버린 대도시, 그 위에 세워진 허구의 인간문명은 글자 그대로 사막의 신기루 같아서 이 지구상에서 사라질 날이 멀지 않다. 이제 인간은 돌아갈 곳 없는 우주의 고아로 전락하느냐, 아니면 지금까지의 방향을 바꿔 신의 품으로 돌아가느냐 하는 기로에 서있다.

인류의 파국을 막을 다른 길은 없다. 자연파괴의 선두에 서있는 인류가 이제 반전해서 숲의 수호신이 되어 녹색의 부활을 위해 일하는 길밖에 없다. 하지만 자연은 본래 인간의 참견을 허락하지 않는다.

신이 천지만물을 창조한 것도 아니고, 더구나 인간이 대리 관리할 수 있는 것도 아니다. 대자연 속의 만물이 마음을 합하여 생명을 만들고 신을 창조해온 것이다. 신이나 자연은 인간을 초월한 실재다.

신은 어리석은 인간의 지구를 지켜주지 않는다.

자연농법이란 자연의 의지와 하나가 되어 영원한 생명이 보장되는 에덴동산의 부활을 꿈꾸는 농법이다. 그러나 나의 자연농법을 지향한 45년 길은 그대로 인간 부활을 위한, 신을 향한 수도였다기보다는 자연으로부터 이탈해간 어리석은 한 남자의 방황의 과정에 지나지 않는다. 이 책은 자연으로 돌아갈 수 있다면 정말이지 돌아가고 싶다고 고뇌해온 한 농부의 고백록에 지나지 않는다.

백가지를 말하고도 그 하나를 말하지 못했고, 무엇 하나 남길 수 없었던 한 남자의 참회록이다.

목차

서문 3

제1장 자연이란 무엇인가 9

이 보리를 보라 / 이 세상에는 아무것도 없지 않은가
고향으로 돌아오다 / 아무것도 하지 않는 농법을 목표로 하다
농업의 원류는 자연농법 / 자연농법은 왜 보급되지 않는 것일까
인간은 자연을 알고 있는 것이 아니다

제2장 누구나 할 수 있는 즐거운 농법 42

쌀과 보리농사의 실제 / 자연농법의 4대 원칙 / 기로에 선 일본 벼농사
짚을 이용하는 농법 / 이상적인 벼농사 / 귤농사의 실제
과학기술의 의미와 가치

제3장 오염시대에 보내는 편지 91

식품공해 문제는 왜 해결되지 않는가 / 바다오염은 화학비료가 원인이다
과일은 지나치게 혹사당하고 있다 / 수고는 많고 성과는 적은 유통구조
자연식품 붐이 의미하는 것 / 자연이 만든 것의 맛
인간의 먹을거리란 무엇인가 / 원점을 망각한 일본의 농정
기업농업은 실패한다 / 누구를 위한 농업기술 연구인가
자연을 섬기기만 하면 된다 / 일본인은 무엇을 먹어야 하는가
사라진 농부의 정월 휴일 / 공동체 속에서 싹트는 자연농법
자연농법과 유기농법 / 자연농법의 사명은 무엇인가

제4장 **녹색 철학**   148

알지만 아는 것이 아니다 / 바보는 누구인가
나는 유치원에 가기 위해서 태어났다
떠가는 구름, 흐르는 물과 과학의 환상 / 상대성이론이여, 똥이나 먹어라
전쟁도 평화도 없는 마을 / 짚 한오라기의 혁명 / '서울의 꿈'
갈대 줄기 속으로 하늘을 엿본다

제5장 **현대인의 병든 식이**   193

자연식이란 무엇인가 / 자연식의 방법 / 먹을거리의 본질
자연식에 대한 정리

제6장 **'짚 한오라기'의 미국여행**   226

캘리포니아는 왜 사막화되었는가 / 미국 농업은 미쳐있다
"나는 생각한다, 그러므로 나는 존재한다"
확대를 지향하는 기계문명의 종말

후기   258

소원   264

옮긴이의 글   267

자연농법이란

자연농법의 출발은 45년 전의 일이다.

요코하마세관 식물검사과에 다니며 그곳 식물병리 연구실에서 현미경을 들여다보던 평범한 한 청년이 왜 돌연 인간의 지식을 부정하고 과학을 부정하는 사람으로 변신한 것일까?

그때의 일에 대해서는 할 말도 없고 또 전달할 도리도 없지만, 좌우간 그때부터 나는 산에 들어가 외곬으로 무심(無心)·무위(無爲)의 삶을 목표로 해왔다. 단지 살아가는 데 필요한 최소한의 식량만을 만들며 사는 농부의 길로 들어섰던 것이다.

'자연농법'이라는 말도 당시 무심히 보던 성경의 한구절 "작은 새는 씨 뿌리지 않고 쪼아먹기만 할 뿐인데, 어찌 인간만이 걱정하는가?"라는 말로부터 자연스럽게 떠오른 것이다.

그러므로 자연농법은 그리스도가 착상하고 간디가 실천한 농법이라고 봐도 좋다. 진리는 하나이다. 무(無)의 철학에 입각한 이 농법의 최종 목표는 절대진리인 '공관(空觀)'에 있고, 신을 향한 봉사에 있다.

제1장

자연이란 무엇인가

무(無)야말로 일체

이 보리를 보라

오월 어느 날 자연농법 보리밭 앞에서

저는 이 짚 한오라기로부터도 인간혁명을 일으킬 수 있다고 믿고 있습니다.

이 짚은 겉보기에는 지극히 가볍고 작아 보입니다. 이러한 짚 한오라기로 혁명을 일으킬 수 있다고 하면 언뜻 이해가 잘 안되실 것입니다. 그러나 사실은 이 짚 한오라기의 혁명이라고 할까, 짚 한오라기의 무게라고나 할까, 일물일사(一物一事)가 무엇이냐를 저는 어느 날 깨닫게 되었습니다. 그때부터 제 일생은 어떤 의미에서 완전히 바뀌어 버렸습니다. 생각하는 것도 행동하는 것도 완전히 변했습니다. 이것은 사실입니다.

저는 농부로서 40년 이상 일해왔습니다만, 예컨대 이 논을 보십시오. 사실 이 논은 35년간 전혀 땅을 갈지도 않았고 화학비료 역시 전혀 사용하지 않았습니다. 병충해 방제도 하지 않았습니다. 땅을 갈지도 않고, 김매기도 하지 않고, 농약이나 화학비료 역시 전혀 사용하지 않고서도 쌀과 보리를 매년 연이어 짓고 있습니다.

지금 보고 계신 이 보리는 적어도 1단보당 10섬은 나옵니다. 부분적으로는 12~13섬까지도 나오는 게 아닐까 싶습니다. 이것은 아마 제가 살고 있는 에히메(愛媛)현의 다수확 논에 필적하는 수확일 것입니다. 에히메현에서 최고 수확이라면 필시 전국 제일의 수확이겠죠. 저는 내심 이 이상 벼 낟알이 열기는 어렵다 — 아마 일본 제일은 물론, 세계에서도 으뜸이 아니겠느냐고 자부하고 있습니다.

이 보리와 밀을 보십시오. 어떤 느낌이 드시나요?

한마디로 농기구도, 농약도, 비료도 필요없습니다. 할 일이라고는 다만 벼 베기 전에 벼이삭 위로 보리 씨를 뿌리고, 벼 타작을 하고 난 뒤에 나오는 볏짚 전량을 보리 씨를 뿌린 위에다 흩어뿌려주는 것뿐입니다.

벼 또한 마찬가지입니다. 이 보리는 5월 20일경에 벨 예정인데, 보리 베기 2주일 전쯤에 보리이삭 위로 볍씨를 뿌리고 베어낸 보릿짚은 기장째 볍씨를 뿌린 논 위에 그대로 흩어뿌려줍니다. 벼농사나 보리농사나 같은 방법으로 해나가는 것이 이 농법의 하나의 특징이라고 말할 수 있습니다.

그런데 사실은 또 한가지 더욱 간단한 방법이 있습니다. 잘 보시면 아시겠지만, 이 옆 논에는 이미 볍씨가 뿌려져 있습니다. 보리를 뿌릴 때 볍씨와 보리 씨를 한꺼번에 뿌리는 것입니다. 겨울이 오기 전에 이미 볍씨와 보리 씨 파종이 모두 끝나는 것이지요.

여기서 더 자세히 관찰하신 분은 이미 보셨겠지만, 이 논에는 클로버 씨앗이 뿌려져 있습니다. 이 클로버는 보리를 뿌리기 전인 10월 상순, 벼를 베기 전에 벼이삭 위로 뿌린 것입니다.

순서대로 말씀드리자면, 10월 상순에 벼이삭 위로 클로버(밭벼에는 거여목 ― 옮긴이)를 뿌리고, 중순에 보리 씨를 뿌립니다. 그리고 하순에 벼를 베고, 11월 하순에 볍씨를 뿌리고, 볏짚은 기장째 흩어뿌려둡니다. 이것이 전부입니다. 그 결과가 지금 보고 계시는 이 보리입니다. 단 한두사람의 힘으로 쌀과 보리 농사가 모두 끝납니다. 이보다 더 간단한 쌀과 보리 농사는 아마 없다고 해도 지나친 말이 아닐 것입니다.

사실 이것은 보통 농업기술이라고 할까, 과학기술의 농법 일체를 부정하고 있는 것입니다. 인간의 지혜에서 태어난 과학지식을 송두리째 내버리고 있습니다. 대부분의 사람들이 인간에게 유용하다고 여기고 있는 농기구나 비료와 농약 등을 전혀 사용하지 않는 재배방법이므로, 이것은 인간의 지혜와 인위를 정면으로 부정하고 있다고 해도 과언이 아닙니다. 농기구나 농약, 비료 등이 없이도 그것을 사용한 것과 동일한 수량, 또는 그 이상의 쌀과 보리를 수확한 실천사례가 지금 여기 이렇게 여러분의 눈앞에 확실히 존재하고 있는 것입니다.

이 세상에는 아무것도 없지 않은가

이런 농법을 시작한 시기와 동기에 대해 최근 여러 사람들로부터 질문을 받고 있습니다. 그런데 저는 이 일에 관해 지금까지 아무에게도 이야기한 적이 없습니다. 이야기할 길이 없기 때문입니다. 다만 한순간의 충격이랄까 번쩍임이랄까, 그런 한순간의 작은 체험이 출발점이 되었습니다. 그것이 제 사상에 일대 전환을 가져왔던 것입니다. 그 체험이 제 인생을 변화시켰습니다. 그때 이미 결론이 났던 것입니다. 말해 봐야 소용없지만 그때의 결론은 이렇습니다.

"인간은 아무것도 모른다. 물질에는 아무런 가치도 없다. 그 어떤 일을 했다고 하더라도 그것은 무익하며 쓸데없고 헛된 것이다."

터무니없는 말이라고 생각하실지 모르지만, 말로 표현하자면 이렇습니다. 이러한 사상이 돌연 어린 제 머리에 떠올랐던 것이지요. 그렇지만 그 "인지(人智)와 인위(人爲)는 일체 무용하다"고 한 결론이, 그 사상이 과연 옳은 것인지 저 자신도 몰랐습니다. 다만 확고한 신념만이 제 가슴속에서 불타고 있는 그런 상태였지요.

일반적으로 생각하면 인간의 지혜만큼 훌륭한 것은 없습니다. 인간은 만물의 영장으로서 대단히 가치있는 생물이며 인간이 만들어내고 성취한 것은 문화에서나 역사에서나 훌륭한 것이었다고 누구나 믿고 있습니다. 그런데 저는 그런 것들을 죄다 부정하는 사고방식을 가지고 있었으므로 그것을 누구에게 말해 봐도 전혀 통하지 않았습니다. 하지만 "이런 내 사고방식은 어딘가 잘못된 것이 아닐까" 하고 아무리 거듭 살펴봐도, 저는 어디에서도 그것을 부정할만한 증거를 찾아낼 수가 없었습니다. 도무지 잘못된 것으로 보이지 않았습니다. 그래서 실은 이 사고방식이 제대로 된 것이냐 아니냐를 실제로 실행해보고, 즉 형태 있는 것으로 나타내 결정하겠다는 작정을 했던 것이지요. 요컨대 농부가 되어 쌀과 보리 농사를 지으며, 30년이나 40년이 걸리더라도 제 사고방식이 옳은지 그른지 확인을 해봐야겠다고 작심을 했습니다.

그럼 여기서 제 일생을 변화시킨 체험을 이야기하겠습니다. 그것은 이미 45년도 전의 일로, 제가 요코하마(橫浜) 세관 식물검사과에서 일하고 있을 때의 일입니다. 외국에서 수입해 들여오는 식물의 검역과 수출하는 식물의 병해충을 검사하는 것이 저의 주된 임무였습니다. 대단히 자유롭고 시간이 많은 곳으로 평상시에는 제 전공인 식물병리학을 연구하고 있으면 됐습니다. 그 연구실은 요코하마항이 내려다보이는 언덕 위의 야마테(山手)공원 근처에 있었습니다. 건너편에는 성당이, 동쪽으로는 여학교가 있는 매우 조용한 곳으로 연구하기에 적합한 환경을 갖춘 곳이었습니다.

이 연구실에는 병리 연구원으로 구로사와 에이치(黑沢英一) 선생님이 계셨습니다. 저는 식물병리를 기후(岐阜)고등농업학교의 오케우라 마코토(樋浦誠) 선생님께 배웠고, 오카야마(岡山)현 농업시험장의 이카타 스에히코(鑄方末) 선생님으로부터 실제 지도를 받았습니다. 그리고 제3의 선생님으로 구로사와 에이치 선생님을 만나게 되었던 것입니다. 구로사와 선생님은 학계에서는 불우한 분이셨지만, 벼의 헛이삭 병원균을 분리배양하여 이 균이 배양균 속에서 내보내는 독소인 '지베렐린'이라는 물질을 추출한 분입니다. 이 지베렐린이라는 물질은 볏모에 소량 흡수시키면 벼가 키만 높이 자라는데, 다량 흡수시키면 이번에는 키 성장이 극도로 억제되는 기묘한 성질을 지닌 물질입니다. 이 물질을 발견한 분이 바로 구로사와 선생님입니다. 일본에서는 아무도 지베렐린에 관심을 갖지 않았습니다. 그런데 미국인이 여기에 관심을 가지고 이것을 응용하여 만들어낸 것이 바로 씨 없는 포도입니다.

이러한 업적을 지닌 구로사와 선생님은 제게 친아버지처럼 좋은 분이셨습니다. 손으로 만들 수 있는 해부용 현미경의 제작방법도 가르쳐주셔서, 저는 미국과 일본의 감귤류 줄기나 가지, 열매 등에 발생하는 수지병(樹脂病) 연구에 몰두할 수 있었습니다. 배양된 균을 현미경으로 관찰하거나 균과 균을 교배하거나 새로운 병원균 종류를 만들어보는 일은 모두 흥미로운 일이었지만 한편 끈기가 요구되는 일이기도 했지요. 그러다 한번은 연구실에서 졸도한 적도 있었습니다.

그렇지만 감수성이 예민한 청년시절이었던 탓으로 연구실에만

갇혀있지는 않았습니다. 요코하마는 놀기에도 매우 좋은 곳입니다. 당시 저는 카메라에 취미를 붙이고 있었는데, 이런 일도 있었습니다. 어느 날 부둣가에서 한 아름다운 아가씨를 발견하였습니다. 멋진 피사체라는 생각에 부탁하여 외국배 갑판 위에 앉혀놓고 이쪽저쪽 주문을 해가며 사진을 찍었습니다. 사진을 다 찍고 헤어지려고 하는데, 그 아가씨가 물었습니다. "사진이 나오면 보내주시겠어요?" 그래서 저는 좋다고 하고 어디로 보내면 되냐고 물으니, '오후나(大船)'라고 했습니다. 이름도 대지 않고 다만 오후나(일본의 유명한 영화촬영소 - 옮긴이)라고만 하고 가버리는 것이었어요. 돌아와서 현상을 끝낸 후 친구에게 보이며 혹시 이 여자를 아냐고 물으니까, 요즘 유명한 타카미네 미에코(高峰三枝子: 일본 영화계에서 인기가 매우 높았던 배우 - 옮긴이)라는 것이었어요. 저는 서둘러 대형사진으로 확대하여 열장을 보냈는데, 얼마 뒤 사인이 된 사진을 돌려받았습니다. 열장 중 한장은 되돌아오지 않았는데, 뒤에 문득 든 생각은 옆얼굴을 가까이 찍어서 주름살이 드러나 보였기 때문이 아닐까 하는 것이었습니다. 그렇게 잠깐이나마 여자의 마음을 엿본 것 같아 유쾌했던 기억이 납니다.

저는 이렇게 못생겼습니다만, 댄스를 좋아하는 친구를 따라 요코하마 번화가에 있는 '플로리다'라는 댄스홀에 다닌 적이 있습니다. 거기서 가수인 아와야 노리코(淡谷のり子)를 보고 신청하여 함께 춤을 춘 적이 있었는데, 그녀의 뛰어난 맵시에 압도되어 쩔쩔맸던 기억이 납니다. 지금도 그 느낌이 잊혀지지 않고 즐겁게 생각나고는 합니다. 여하간 바쁘고 행복한 청년으로서 낮에는 현미경을 통해 자연계의 신비에 경탄하며, 자연계의 극미한 세계가 광

대무변한 우주세계와 너무나도 흡사하다는 데 불가사의한 감회를 느끼고는 했습니다. 한편 밤에는 사랑도 하고 실연도 당하며 남달리 놀기에 바빴습니다.

이러한 젊은이 특유의 희노애락이나 감정의 충돌과 일에 휘말리다 보니 심신에 피로가 쌓여서 결국 연구실에서 졸도하는 사태가 일어나지 않았나 싶습니다. 그 뒤에도 조심하지 않다가 급성 폐렴에 걸려 경찰병원 옥상에 있는 기흉요법(氣胸療法) 병실에 가야 할 형편에 처하게 됐습니다. 옥상에 있는 그 병실의 창문에는 문이 하나도 없었습니다. 바람과 눈발이 끝도 없이 날아들어왔습니다. 마치 엄동설한에 바다 한가운데 버려진 기분이었어요. 이불을 덮고 있는 쪽은 따뜻했으나 밖으로 노출된 얼굴은 얼어붙을 듯이 추웠습니다. 간호사들도 춥기는 마찬가지였을 것이므로 자주 와주지 않더군요. 체온계를 주고는 서둘러 내려가버렸습니다. 참으로 난폭한 치료법이었습니다.

독방인데다가 사람도 오지 않았습니다. 저는 갑자기 고독한 세계에 떨어진 기분이었습니다. 그때까지 평범하고 순조로운 생활을 해왔는데 별안간 상황이 바뀐 것이었습니다. 지금 생각하면 참으로 쓸데없는 공포였다고 생각되지만, 그때는 정말 죽음의 공포에 직면한 듯한 기분이었습니다. 지금까지 내가 신뢰해왔던 것은 과연 무엇이었나? 아무 생각 없이 마음 편히 살았는데 과연 이래도 좋은 것일까? 이렇게 저는 평범한 생활에서 벼랑끝으로 밀려나 회의의 나락으로 떨어져내리게 되었습니다. 어떻게 해서든지 지금 당장 이 문제를 해결하지 않으면 안된다는 절체절명의 감정에 빠지게 되었던 것입니다.

병원에서는 그럭저럭 퇴원했지만, 일단 떨어진 고민의 세계에서는 쉽게 헤어날 수가 없었습니다. 삶과 죽음에 대한 철저한 고뇌가 시작되었던 것이지요. 그러다 보니 잠도 못 잤고 일도 손에 잡히지 않았습니다. 정신분열증 일보 직전과 같은 상태가 계속되었어요. 이와 같이 좀처럼 풀리지 않는 번민을 안고 몇날 몇밤을 산이나 항구로 쏘다녔는지 모릅니다.

그날 밤도 떠돌이로 헤매다 피로에 지쳐서 외국인 묘지 근처, 항구가 바라보이는 언덕 위의 커다란 나무 밑동에 기대어 잠이 들었습니다. 잠이 들었다지만 앉아서 든 잠이었기 때문에 비몽사몽 상태에서 아침을 맞았지요. 그날은 5월 15일이었는데, 어떤 의미에서 제 자신의 운명을 바꾼 날이었습니다.

저는 항구가 밝아오는 것을 바라보고 있었습니다. 언덕 아래에서 불어오는 아침 바람의 영향으로 안개가 재빠르게 걷히고 있었는데, 그때 마침 해오라기 한마리가 한마디 날카롭게 우짖고는 날아가버리는 것이었어요. 그 순간이었습니다. 제 가슴속에서 안개처럼 피어오르던 일체의 혼미함이 일시에 날아가버리는 것이었어요. 제가 붙잡고 있던 생각과 사고가 단 한순간에 사라져버리는 것이었습니다. 제가 확신하고 있던 일체의 의지처라고 할까, 근거라고 할까, 평상시 신뢰하고 있던 모든 것이 한꺼번에 사라져버리는 것이었습니다.

그때 저는 단 한가지 깨달은 것이 있었습니다.

그때 저도 모르게 제 입에서 튀어나온 말은 "이 세상에는 아무 것도 없지 않은가!"였습니다. '없다'는 것의 의미를 깨달은 기분이었습니다. 이제까지는 '있다, 있다'라는 생각에서 열심히 그것을 붙잡고 있었는데, 한순간에 그것이 사라져버리고 사실은 아무 것도 없다는 것을 깨닫게 되었지요. 제 스스로 헛된 관념을 붙잡고 있었다는 사실을 확실히 깨닫게 됐습니다. 저는 미칠 듯이 기뻤습니다. 놀랍도록 개운했으며, 그 순간 다시 태어난 듯했습니다. 숲 속에서 작은 새들의 지저귐 소리가 들려오고, 아침 이슬은 방금 떠오른 햇살을 받고 반짝반짝 빛나고 있었습니다. 나무들의 푸른 잎사귀도 반짝이면서 흔들리고 있었습니다. 삼라만상 모든 것에 환희에 찬 생명이 깃들어 있었습니다. 다른 어떤 곳이 아니라 바로 지금 여기가 지상천국이라는 것을 알 수 있었습니다.

그날 이전의 제 삶은 허상이거나 환상이었습니다. 그리고 그날 그 허상과 환상을 버리고 보니, 거기에는 이미 놀라운 실체가 엄존하고 있는 것이었어요. 그때부터 제 일생이라는 것이, 어떤 의미에서, 그 이전과 완전히 바뀌었다고 말할 수 있습니다. 그러나 바뀌었다고 하지만 뿌리가 더없이 평범하고 우둔한 사내라는 점은 지금이나 옛날이나 변함이 없습니다. 외면적으로나 내면적으로 저만큼 평범한 남자도 없고, 이처럼 평범한 인생을 걸어온 남자도 그렇게 많지 않을 것입니다. 하지만 어떤 의미에서 이야기하자면, 이때부터 저처럼 파란만장한 인생을 살아온 사람도 없고, 또한 저만큼 우여곡절을 겪으며 살아온 사람도 없다고 생각합니다.

저는 그 누구보다도 못난 사람이지만, 그 누구도 알지 못하는 단 한가지 사실을 알고 있다는 확신이 그때부터 변함이 없습니다. 이 믿음이 잘못된 것이 아닐까 하여 50~60년간 항상 확인하며 살아왔지만 저는 한번도 그것이 잘못된 믿음이라는 근거를 찾지 못하였습니다. 그러나 그러한 터득이 대단히 중대하고 가치있는 일이었다 해도 저와 같이 우둔한 남자에게는 마치 고양이에게 금화가 주어진 격이었습니다. 바보가 보석을 주운 격이 아니었나 싶습니다.

저는 하나의 사상을 가지고 있습니다. 그러나 제가 가지고 있는 사상 자체에는 가치가 있지만, 저에게는 가치가 없습니다. 저는 정말 우둔한 농부로서 한마리 고양이에 불과합니다. 그래서 저를 곁에서 보면 어떤 때는 매우 겸허해 보이고, 어떤 때는 대단히 방만해 보이기도 합니다. 제 산(농장)에 사는 청년들에게게조차도, 저는 제가 어리석은 사람인 줄을 아는 까닭에 저와 같은 행동을 하지 말라고 입이 닳도록 말합니다. 그렇게 말하면서도 제가 한 말을 듣지 않으면 엄하게 꾸짖습니다. 모순돼 있는 것처럼 보이지만 그렇지 않습니다. 제 자신은 쓸모없는 사람이지만 제가 살짝 엿본 것은 중대하고 가치있는 것이라고 확신하기 때문입니다. 이 확신이 청년들을 호통치고 질타하고 있는 것입니다.

결국 그날 아침의 확신이 후쿠오카 마사노부라고 불리는 이것을 여기까지 끌고 온 것이지요. 어떻게 생각하면 저처럼 불쌍한 사람도 없다 싶으면서도, 동시에 저처럼 행복한 남자도 없다고 생각하고 있습니다.

고향으로 돌아오다

저는 그 체험을 한 다음날(5월 16일) 출근하자마자 사표를 냈습니다. 윗분이나 친구들은 제게 무슨 일이 일어났는지 사정을 이해하지 못하고 어리둥절해했습니다. 선창 위 한 레스토랑에서 송별

회를 열어주었지만 뭔가 묘한 분위기였습니다. 어제까지 모든 사람들과 사이좋게 지냈고 일에도 불만이 없이 기쁘게 열중하고 있던 제가 갑자기 그만두겠다고 했으니! 그만두는 사람이 즐거운 듯이 웃으면서 말입니다. 그때 저는 이렇게 작별인사를 했습니다.

"이쪽에는 선창이 있고, 저쪽에는 제4부두가 있다. 이쪽이 있다고 생각하기 때문에 저쪽이 있다. 이쪽에 생(生)이 있다고 생각하기 때문에 저쪽에 사(死)가 있는 것이다. 사를 없애고자 한다면 이쪽에 생이 있다는 생각을 놓으면 된다. 생사는 하나다."

이러한 알아듣기 어려운 내용의 말을 했기 때문에 사람들은 더 걱정하였습니다. 도대체 무슨 말을 하려는지, 혹시 머리가 돈 것은 아닌지 하는 생각이 들었던 것이겠지요. 모두 딱하다는 표정이었습니다. 저 혼자 기뻐하며 훌쩍 떠나왔습니다.

그때 함께 생활하던 친구가 특별히 걱정해주며, 조금 안정을 취하는 것이 어떠냐며 어디 여행이라도 갔다 오기를 권하더군요. 그래서 그렇게 했습니다. 그때의 저라면 가려고만 하면 어디라도 갈 수 있었으니까요. 버스를 타고, 무심히 창밖을 보며 가고 있는데, 어느 곳에서 '이상향(理想鄕)'이라 쓰인 작은 간판이 눈에 띄었습니다. 어떤 곳일지 궁금해서 버스에서 내려서 찾아가보았습니다. 해안에 한채의 여관이 있었고 그 뒤로 절벽 위에 전망이 빼어난 공터가 있었습니다. 저는 그 여관에 묵으며 매일 그곳에 나가 낮잠을 잤어요. 며칠 동안이었을까요. 일주일 혹은 한달, 하여간 저는 한동안 거기에 머물렀습니다. 날이 지남에 따라 그날 아침의 감격도 정도가 희미해져갔고, 그것은 대체 무엇이었을까 반성도 하게 되더군요. 겨우 제정신이 들었다고 할까요.

도쿄에서도 얼마 동안 살았습니다. 일 없이 공원 등에서 낮잠을 자기도 하고 길 가는 사람을 붙잡고 이야기에 열중한다거나 하는 생활이었습니다. 그것을 보고 친구들이 걱정했습니다.

"아무래도 자네는 망상의 세계에 살고 있는 것 같아."

"아니야, 자네야말로 헛된 세계에 살고 있어."

이렇게 서로 내가 현실이고 너는 가공의 세계라며 말다툼을 하였습니다. 나중에는 친구들도 두손을 들었습니다. 그리고 도쿄를 떠나서 차츰 아래쪽으로 내려왔습니다. 간사이(關西), 규슈(九州) 근처까지 왔습니다. 놀기에 열중했다고 할까, 방랑이었다고 할까, 하여튼 발길 닿는 대로 다녔습니다. 그러면서 여러 사람들에게 인간이 하는 일은 모두 쓸모없는 일이라는 '일체무용론'을 역설했습니다.

"세상의 모든 일은 무가치하고 무의미하다. 인간이 하는 모든 일은 쓸데없는 일일 뿐이다. 일체의 것이 무(無)로 돌아간다. 그리고 이 무야말로 광대무변의 유(有)인 것이다."

그런데 일반 세상에서는 이것이 일절 받아들여지지 않았습니다. 저의 일체무용론이 전연 통하지 않았습니다. 저는 이 일체무용론이 이 세상에 매우 유용한 것이라고 확신하고 있었습니다. 세상이 그와는 반대방향으로 나아가고 있는 지금 이때야말로 이 일체무용론을 역설해야 한다고 굳게 믿고 있었던 것이지요. 그래서 전국을 돌아다니며 이에 대해 설명하고픈 심정으로 방랑하고 다녔습니다.

결국은 어디서도 상대를 만나지 못하고 아버지가 계시는 고향으로 돌아왔습니다. 아버지는 그때 감귤농사를 하고 계셨는데, 저는 감귤나무가 심어진 산으로 들어가 오두막을 짓고 거기서 원시 생활을 하기 시작했습니다. 저는 농부가 되어 거기서 "인간은 아무것도 하지 않아도 좋다"는 저의 일체무용론을 감귤농사와 쌀, 보리 농사를 지으며 실증해 보이겠다고 마음먹었습니다. 실제로 증명하게 되면 저의 일체무용론이 올바르다는 것을 세상사람들이 인정할 수밖에 없을 테니까요. 요컨대 말보다 실물로 보여주자는 의도였습니다. 인간은 아무것도 알지 못하며 인위, 곧 자연이 아니라 사람의 힘으로 만든 것에는 가치있는 것이 아무것도 없다는 것을 실제의 농사로 나타내 보이고자 했습니다. 그렇게 시작한 것이 제 자연농법입니다. 1938년의 일입니다.

아버지에게 귤이 조금씩 열리기 시작하는 감귤나무를 넘겨받은 것까지는 좋았습니다. 하지만 나무를 그냥 버려두었기 때문에 나뭇가지에 혼란이 일어나고 온통 벌레가 생기고 말라 죽어가는 결과가 벌어졌습니다. 아버지가 이미 가지치기를 해서 나무를 잔 모양(盃狀形)으로 만들어놓은 것을 방치했기 때문입니다. 제 입장에서는 작물은 저절로 생기고 자라는 것이지 재배한다거나 기르는 것이 아니었으므로 그냥 내버려두었던 것입니다. 확신을 갖고 그렇게 했지만, 아버지가 하시던 방법을 도중에 바꿔버린 까닭에 실패했습니다. 그것은 말 그대로 '방임'이지 '자연'은 아니었던 것입니다.

아버지는 매우 놀라며 이대로는 안되겠으니 다시 한번 공부할 것을 권하며 다시 취직하기를 바라셨습니다. 당시 아버지는 우리 면의 면장 일을 보고 계셨는데 자식이 기이한 언행을 일삼으며 산속에 들어가 있었기 때문에 세상의 평판도 별로 좋지 않았습니다.

거기다 전쟁이 격화되던 시기로, 그런 시기에 헌병대 신세를 지는 것이 싫었기 때문에 아버지 말씀에 순순히 따랐습니다. 그때는 기술자가 적었던 시기여서, 곧 고치(高知)현 농업시험장에 취직하여 병충해 부문 주임이 되었습니다. 거기서 8년간 일했습니다.

고치현 농업시험장에서 저는 과학농법을 지도하고 연구하며 전쟁 중의 식량 증산에도 힘썼지만, 사실은 그 8년 동안 자연농법과 과학농법을 쭉 비교연구했습니다. 인간의 지식을 이용한 과학농법이 우수한지, 아니면 그것을 부정하는 자연농법이 우수한지를 줄곧 문제삼아왔던 것이지요. 전쟁이 끝나자 그날부터 여러가지로 자유로워져서 저도 "아이구 좋아라" 하는 기분으로 다시 고향으로 돌아와 농부가 되었습니다.

아무것도 하지 않는 농법을 목표로 하다

그로부터 35년 동안 저는 오로지 농부로 지금까지 살아왔습니다. 책 한권 읽은 적이 없고 밖에 나가 사람들과 교제하는 일도 없는, 어떤 의미에서는, 시대에 뒤떨어진 사람이 되었습니다. 그러나 그 35년간 저는 그저 외길로 아무것도 하지 않는 농법을 목표로 살아왔습니다. 저 일도 필요없고 이 일 역시 하지 않아도 된다는 사고방식을 쌀과 보리 농사 그리고 감귤농사에 철저히 응용했습니다.

대개 저것도 하고 이것도 하는 것이 좋다며 온갖 기술을 모아놓은 농법을 바로 근대농법, 최고의 농법이라고 생각하지만 그러나 그렇게 하면 쉴 틈 없이 바빠지기만 할 뿐이지요. 저는 그 반대입니다. 일반 농가에서 하고 있는 농업기술을 하나하나 부정해왔습니다. 하나씩 버리며, 정말로 하지 않으면 안되는 일은 무엇이냐는 방향으로 생각해왔습니다. 농부도 즐길 수 있는 즐거운 농사를 목표로 삼아왔습니다.

결국 밭을 갈 필요도 없었습니다. 퇴비를 줄 필요도, 화학비료나 농약을 쓸 필요도 없다는 결론이 나온 것입니다. 이런 일이 필요하다거나 가치가 있다거나 혹은 효과가 있을 것이라고 생각하는 것은 인간이 지금까지 잘못된 일을 해왔기 때문입니다. 농약이나 비료 또는 땅갈이가 가치가 있고 효과가 있도록 앞서 그 조건을 만들어왔다는 거지요. 의사나 약이 필요한 것은 인간이 스스로 병약한 환경을 만들었기 때문이지요. 사실 병이 없는 사람에게는 의사도 약도 필요없지 않습니까?

벼농사에는 비료가 필요없습니다. 땅을 갈 필요도 없습니다. 저절로 땅이 비옥해지는 방법만 쓴다면 농약이나 비료 따위가 없어도 됩니다. 일체의 것이 모두 불필요한 '무위(無爲)의 농법' ─ 이러한 농법을 저는 줄곧 추구해왔습니다. 그래서 마침내 30년 걸려서 아무것도 하지 않고서도 쌀·보리농사를 지을 수 있게 되었고, 수량에서도 일반 과학농법에 비해서 조금도 손색이 없는 자리에까지 왔습니다.

이러한 농법은 '인간의 지혜에 대한 부정'입니다. 그것이 실제로 증명된 것입니다. 이것은 한가지를 보면 만가지 것을 안다고, 다른 모든 것에도 통용될 수 있는 것입니다. 예를 들어 교육이라는 것을 매우 가치있는 것이라고 생각하지만, 그것은 앞서 교육이 가치가 있도록 그 조건을 만들어놓고 있다는 데 먼저 문제가 있습니다. 저는 이렇게 말하고 싶습니다. "교육이란 것은 본래 무용한 것인데도, 교육하지 않으면 안되는 조건을 인간과 사회 전체가 만들고 있기 때문에 교육을 시키지 않으면 안되게 됐다. 교육을 하면 좋을 것처럼 보이는 데 지나지 않을 뿐이다"라고요.

교육에 관해 저는 이런 걸 느끼고 있습니다. 전쟁이 끝나기 전, 처음 감귤산에 들어가서 자연농법을 표방했던 시기에 저는 가지치기를 하지 않고 방임했습니다. 저는 처음에는 '방임'과 '자연'을 혼동했던 것입니다. 그 결과 가지가 혼란을 일으키며 병충해에 시달리게 되면서 70아르 감귤산을 망쳐버렸습니다. 저는 그때부터 "자연형이란 무엇이냐?"는 문제를 머릿속에 넣고 살았습니다. "바로 이것이다"는 확신이 들 때까지 오랫동안 모색해왔습니다. 그리고 마침내 "자연형이란 이런 것이다"는 확신을 가지게 되었습니다. 자연형을 만들게 되면서 병충해 방제도, 농약도 필요없게 됐습니다. 가지치기라는 기술도 필요없게 됐습니다. 자연을 이해하면 인간의 지혜는 아무런 쓸모가 없어지는 것입니다.

아이들의 교육에서도 이치는 같습니다. 저도 처음에 그래서 실패했지만, 방임과 자연을 혼동하고 방임이 자연인 것처럼 착각하는 경우가 많습니다. 이른바 방임상태로 내버려두니까 다시 교육을 하지 않으면 안된다는 말을 하게 되는 것입니다. 자연이라면 교육이 필요없습니다.

예를 들어 아이들에게 음악을 가르치는 일 또한 부자연스럽고 불필요한 일입니다. 아이들 귀는 음악을 잘 잡아냅니다. 졸졸 흐르는 시냇물 소리, 물레방아가 돌아가는 소리, 가볍게 흔들리는 숲의 바람소리, 이런 것들이 모두 음악입니다. 진짜 음악인 것입니다. 그런데 갖가지 잡음을 집어넣어 아이의 귀를 혼란시키고,

잘못된 길로 인도하여 아이의 순수한 음감을 퇴락시킵니다. 부자연한 상태, 이른바 방임상태가 되어갑니다. 이러한 상태에서 부자연한 채로 버려두면 이제 새들의 노랫소리를 듣거나 바람소리를 들어도 그것이 더이상 노래로 들리지 않습니다. 그러면 이번에는 열심히 음계나 부호 따위를 가르쳐서 노래를 부를 수 있도록, 음악을 들을 수 있도록, 작곡을 할 수 있도록 교육을 시키지 않으면 안되는 상황이 벌어집니다.

자연 그대로 자랐을 때는 진짜 귀가 뚫려있기 때문에 유행을 좇는 음악이나 악기 연주는 불가능할지도 모릅니다. 예컨대 피아노나 바이올린을 연주할 수 없을지도 모르지만, 그런 것은 진짜 음악을 듣고 말하는 귀와 입과는 무관합니다. 노래를 부르지 못하더라도 노래를 부르고자 하는 마음만 가지고 있으면 아무 지장이 없는 것이고, 악보를 그릴 수 없더라도 귀와 마음이 음악을 타고 있기만 하면, 그리고 그것으로 늘 기쁨을 느끼고 있기만 하다면 그것으로 족합니다. 인간의 마음속에 음악이 있느냐 없느냐가 먼저인데, 그 마음을 잃어버리지 않도록 길러주는 음악교육을 하지 않고, 부자연한 환경이나 상태에 방임하면서 "노래를 못한다, 음치다"라며 아이들의 엉덩이를 두들깁니다. 음치는 본래 없습니다. 어른들이 아이를 음치로 만들어놓고, 이번에는 "그것을 고쳐야 한다"고 하고 있는 꼴입니다.

일반적으로 자연이 좋다는 사실은 누구나 공감합니다. 다만 무엇이 자연인지 모르고 있을 뿐입니다. 자연을 부자연스럽게 만드는 최초의 출발점이 무엇인지, 그것을 확실히 모르고 있습니다.

나무를 예로 들어봅시다. 이제 막 나온 새싹을 가위로 단 1센티미터라도 잘라내면, 그 뒤 그 나무는 절대로 본래대로 되돌아가지 못합니다. 부자연스러운 나무가 되어버립니다. 자연은, 인간이 그저 명색뿐인 지혜로 가위질 같은 아주 사소한 기술을 조금 가하기만 해도 그 즉시 교란됩니다. 나무 전체가 교착상태에 빠지며 회복하기 어렵게 돼버립니다. 그리고 틀어진 그대로 방임해두면 최초의 자연질서가 교란된 채로 균형을 잃고 성장하기 때문에 가지와 가지가 맞부딪칩니다. 가지에 교착과 혼란이 일어납니다.

본래부터 가지나 잎은 차례에 따라서 규칙적으로 생기고, 그 모든 것이 평등하게 햇볕을 받으며, 가지는 가지의 활동, 잎은 잎의 활동을 합니다. 그런데 인간의 손이 조금이라도 닿으면 혼란이 일어나기 시작합니다. 맞부딪치거나 상하가 겹치며 뒤엉켜버립니다. 햇볕을 받지 못하는 부분은 시들어간다거나 병충해가 발생한다거나 합니다. 정원수도 이와 같지요. 정원사가 가위를 댄 나무는 이듬해에 다시 가지치기를 하지 않으면 말라 죽는 가지가 생깁니다.

결국 자연이 아니라 인간의 지혜로 뭔가 잘못된 일을 한 것입니다. 잘못된 일을 해놓고 그것을 깨닫지 못한 채 방임하다가 결과가 나타나면 그것을 열심히 고칩니다. 그리고 고친 일이 효과를 나타내면 역시 그것은 가치있고 훌륭한 일이었다고 기뻐합니다. 그것은 마치 스스로 지붕의 기와를 밟아 깨놓고는 비가 샌다, 천장이 썩었다고 당황하며 황급히 고치고 나서 훌륭한 일을 했다며 기뻐하는 것과 같습니다.

과학자가 하는 일도 그렇습니다. 위대하게 되겠다는 생각을 가지고 밤낮없이 책을 읽고 공부를 하다가 근시가 돼서는, 도대체 무엇을 위해서 공부한 것이냐고 물으면 훌륭하고 좋은 안경을 발명하기 위해서라고 대답하는 것과 같습니다. 공부가 지나쳐서 근시가 되었으면서도 그 뒤 안경을 발명하고 기뻐하는, 이것이 과학자의 실제 모습입니다. 보다 구체적으로 말씀드리면, 로켓을 만들어 달나라에 가게 된 인간은 훌륭한 일을 했다며 기뻐합니다만, 어떤 일에 그 로켓을 쓸 것이냐 물으면, 로켓을 쏘아올리는 데 필요한 연료가 부족하기 때문에 우라늄을 캐러 간다고 합니다. 우라늄을 가지고 돌아와서 로켓을 다시 쏘아올립니다. 쏘아올린 로켓에는 원자로를 돌리는 데 쓰인 우라늄 폐기물이 실려있습니다. 그 죽음의 재를, 지구에서는 버릴 곳이 없으므로, 결국 콘크리트로 포장해서 지구 바깥으로 쏘아보내는 것이라고 이시하라(石原) 씨는 말하고 있습니다. 안경의 이야기와 조금도 다르지 않은 일이 일어나고 있는 것이지요.

이와 같이, 아무리 훌륭한 과학자나 교육자나 예술가라 하더라도 결국 궁극의 원점에서 보면 아무것도 한 것이 없습니다. 그것을 이 한포기의 벼나 보리가, 그리고 한개의 이 감귤이 증명해주고 있습니다. 인간의 지혜를 분명하게 부정하고 있는 것입니다.

농업의 원류는 자연농법

최근에는 자연농법에 흥미를 갖는 사람이 대단히 많아졌습니다. 텔레비전, 라디오, 신문, 잡지 등에서도 지속적으로 다뤄지고 있습니다. 저는 다만 "인간은 아무것도 아는 것이 없다"는 사실을 확인하고 증명해보고 싶어서 농부가 되어 살아왔을 뿐입니다. 어쨌든 지금 생각해보면 세상은 제 생각과는 완전히 반대방향으로 맹렬하게 나아가고 있습니다. 자연을 배반하는 방향으로 자꾸자꾸 나아갑니다. 그리고 이제 그 극한에 가까워서야 거기에 의문을 갖기 시작하며 마침내 반성할 때가 왔다는 말들을 하고 있는 셈입니다.

저는 오로지 외길로 자연으로 회귀하는 농법, 지식이나 인위를 버린 농법, 일반인에게는 기묘하게 보이는 이 농법을 과학의 발달과 폭주에 대한 가장 근본적인 대안으로서 주목해왔습니다. 어떤 의미에서는 저는 세상과는 정반대 방향을 향해서 걸어왔습니다. 그런데 일반적인 것과는 매우 거리가 멀어 보이던 것이 극한에 이르고 보니 마치 종이 한장의 앞뒷면 같은 관계가 되었습니다. 시대에 가장 뒤떨어져 보이던 자연농법이 뜻밖에도 오늘날의 과학농법보다도 훨씬 앞을 달리고 있습니다.

이것은 얼핏 보면 이상한 일일지 몰라도, 제게는 조금도 그렇지 않습니다. 교토대학 이누마(飯沼) 교수와 만나 나눈 이야기인데, 예를 들면 1,000년 전의 농법은 밭을 갈지 않는 농법이었습니다. 그것이 도쿠가와시대인 300~400년 전부터 밭을 쟁기로 얕게 가는 천경(淺耕)농법으로 바뀌었습니다. 이윽고 서양 농법이 들어온 뒤로 깊게 가는 심경(深耕)농법이 되었는데, 문제는 미래로, 저는 다음 시대는 천경농법에서 다시 땅을 갈지 않는, 곧 무경운 농법으로 돌아갈 것이 분명하다고 단언합니다.

밭을 전혀 갈지 않는다는 것은 1,000년 전 원시농법이라고 볼 수 있습니다. 그러므로 일견 옛날 농법으로 되돌아가는 것처럼 보입니다. 그런데 '쌀·보리 땅 갈지 않고 이어 바로 뿌리기'를, 최근

몇해 동안 각 현(縣)의 농업시험장과 대학 등에서 연구해보고 나서, 그것이 가장 근대적이며, 힘이 덜 드는 농법이라는 것을 실제로 확인했습니다. 저의 이 자연농법은 근대과학을 부정하며 그것과는 정반대 방향을 향해 가는 것처럼 보이지만, 근대농법의 최첨단 농법이라 하지 않을 수 없습니다. 자연농법은 과학을 완전히 부정하는 농법으로 매우 비과학적이라는 견해를 갖고 있다가, 실제로 조사를 해보고는 "자연농법이야말로 가장 과학적이지 않은가!"라며 깜짝 놀라서 돌아가는 대학교수도 있습니다. 저는 과학을 부정합니다만, 과학의 비판을 견딜 수 있는 농법, 과학을 지도하는 자연농법이 되지 않으면 안된다고 생각합니다.

사실은 이 '쌀·보리 땅 갈지 않고 이어 바로 뿌리기'라고 하는 재배방법은 벌써 30년 전부터 제가 농업잡지 등에 발표해왔고, 그때부터 언론매체에 자주 보도가 되며 일반인에게도 소개돼왔습니다. 그러나 당시는 단순히 하나의 변형된 농업기술로밖에는 받아들여지지 않았습니다. 그 뒤 상황이 바뀌었습니다. 자연농법을 근대농업의 최첨단 기술이 아니냐고 예측하는 학자들과 농업기술자들이 있습니다. 물론 거기에 회의를 품는다거나 또는 하나의 흥미있는 자료 정도로만 보는 분들도 계시지만, 어찌 됐든 이러한 분들이 최근 끊임없이 저의 산오두막(山小屋)을 방문하러 오고 있습니다. 이분들은 여러가지 견해를 가지고 자기 나름대로 해석을 내리며 자신의 일터로 돌아갑니다. 어떤 사람은 원시적이라고 보며 시대에 뒤떨어졌다고 하고, 어떤 사람은 최첨단이라며 미래의 돌파구가 여기에 있다고 합니다.

그러나 여기서 제일 중요한 것은 먼저 원점을, 곧 변함없는 원점을 파악하는 일일 것입니다. 일반인들은 시대를 앞선다거나 뒤떨어진다라거나 하는 데 마음을 쓰며, 언제나 좌우로 흔들리며 방황한다고 볼 수밖에 없습니다. 저는 이제껏 단 한가지 일밖에 하지 않았다고 말씀드렸습니다만, 어떤 시대가 오든 참다운 원점이나 중심은 늘 일정하고 변함이 없기 때문입니다. 자연농법은 태고부터 있었고, 그리스도의 말씀 속에도 이미 명시되어 있습니다. 간디 등이 행한 농법이나, 혹은 톨스토이의 〈바보 이반〉 속에 나오는 농법도 그것이라고 저는 보고 있습니다. 그것은 시대나 장소에 따라 변하거나 움직이는 것이 아닙니다. 언제나 농업의 원류로서 변함이 없습니다.

과학자가 자연에서 벗어나면 벗어날수록, 즉 원심적으로 이탈해가면 갈수록, 구심적인 작용이 일어나서 자연으로 돌아가려고 하게 됩니다. 원점으로 되돌아가고자 합니다. 과학에 대한 싫증도 심해집니다. 이것이 지금 온 세계 사람들이 저의 농원으로 몰려오는 원인이라고 저는 봅니다.

그런데 작용과 반작용, 원심력과 구심력이라는 것이 얼핏 보기에는 둘인 것처럼 보이지만 사실은 하나입니다. 여기 오시는 분들은 원점으로 돌아가고자 해서 오시는 분이겠지만, 그들이 정말 원점으로 돌아가고 싶어하는가 하면 제 눈에는 그렇게 보이지 않습니다. 밖을 향해서 자꾸 확대되어가기만 해서는 분산과 붕괴를 피할 수 없으므로, 이번에는 거꾸로 곧 눈을 안으로 향하며 응축의 방향으로 중심을 향해 가고자 하는 욕구가 나오게 되는데, 그들은 바로 이 욕구에 따랐을 뿐입니다. 원점을 확실히 파악하고, 원점으로 돌아가려고 하는 것이 아닙니다. 원점이 뭔지 이해하지 못한 채 우왕좌왕하고 있습니다. 고정관념에서 오른쪽에 있는 사람은 왼쪽으로, 왼쪽에 있는 사람은 오른쪽으로 중심을 찾아서 움직이고 있는 것에 지나지 않습니다. 결과적으로는 원점 주변을 좌로 우로 빙빙 돌고 있는 데 지나지 않는다고 할 수 있습니다.

그러므로 원점을 향해 한발이라도 더 가까이 가는 것이 중요합니다. 그러지 않고서 오른쪽에 있는 사람이 왼쪽에 서서 조금 반성해본다거나, 왼쪽에 있는 사람이 오른쪽에 있는 사람에게 가르침을 구걸하며 조화를 꾀하려는 정도로는 해결이 안된다는 것이 제 생각입니다. 이런 이유로, 자연으로 돌아가자는 운동이나 환경보호운동조차 참다운 해결의 방향으로 나아가지 않고 자연을 배반하고 파괴하는 행위의 일시적인 정지나 브레이크 역할을 하고 있는 데 머문다고 저는 봅니다.

저의 자연농법은 30년 전에 이미 일반에 소개되었고, 그 후로도 계속 연구되어왔습니다. 그리고 8~9년 전에는 농업기술지도자 사이에서 이것은 잘못된 것이 아니고 오히려 꼭 필요하다는, 암묵적 인정이 나오기에 이르렀습니다. 그러나 그들은 자연농법 골조 위에 옷을 입히거나, 화장을 시키거나, 상품화를 하기 위해서는 제법 시간이 걸리겠다는 생각을 하고 있었습니다. 그들은 역시 본연의 골조가 좋더라도 기계를 사용하는 쪽이 더 편리할 것이고, 농약이나 화학비료도 조금은 사용하는 쪽이 수량을 올릴 수 있을 것이라고 생각하고 있습니다. 그들 나름의 옷을 입히고 화장을 시키고자 하는 것입니다.

유감스럽게도 여기에 오는 학자들은 과학을 부정하는 것처럼 보이는 이 논밭을 보고 과학의 의미를 반문하며 자연농법을 확인한 후, 이것을 확신을 가지고 살려가고자 하지 않습니다. 오히려 이것을 반성의 자료로 삼아 더욱더 과학적인 농법을 개발하려고 하기 때문에, 저는 답답한 마음을 풀 길이 없고 슬픔 또한 더할 나위 없습니다.

자연농법은 왜 보급되지 않는 것일까

저는 마을 가운데에 있는, 조건이 모두 다른 7~8단보 논밭에서 쌀과 보리 농사를 20년, 30년 지어오면서, 자연농법의 보편성 여부에 중점을 두고 시험해왔습니다. 부분적이거나 어느 한곳에서만 적용될 수 있는 방법을 개발해서는 아무 소용이 없기 때문입니다. 모든 곳에서 실시할 수 있는 보편성을 가진 방법이 아니면 실제의 농업기술이라고 할 수 없기 때문입니다. 현재 각지의 농업시험장에서 시험해보고, 이 농법에 의한 쌀 수확이 모내기 농법보다 밑돌았다거나, 일반적으로 하는 높은 이랑 보리농사보다 수확량이 적었다는 결과가 나온 현(縣)은 거의 없습니다. 현재로서는 이러한 각 방면의 자료로 보아 어디서나 할 수 있는 농법임이 틀림없습니다.

그런데 왜 이렇게 확실하고 엄연한 사실이 일반인에게 보급되지 않는 것일까요? 그것은 결국 이 세상이 모든 면에서 전문화되고 고도화되어온 까닭에, 오히려 전체적인 파악이 매우 어렵게 됐다는 데 문제가 있다고 보입니다.

예를 들면 고치현의 병충해 전문가인 기리타니(桐谷) 선생님 등이 오서서, 이 논밭은 병충해 방제를 하지 않았는데도 왜 병충해가 적은지를 조사하였습니다. 벌레의 서식상태라든가 밀도, 천적과 해충과의 관계, 거미 발생비율 등을 조사했습니다. 그 결과, "시험장에서 방제를 실시한 논과 병충해 발생 밀도가 같다. 병충해 방제를 하지 않은 이 논의 해충 발생 밀도가 갖가지 농약을 써서 열심히 방제한 논과 별 차이가 없다. 더욱 놀라운 것은, 해충은 적은 반면 천적은 병충해 방제를 한 논보다 훨씬 많다. 이것은 결국 천적에 의해서 이러한 상태가 유지되고 있다고 볼 수 있다. 그렇다면 비싼 약을 써서 벌레를 죽이기보다 이러한 재배법을 취하면 모든 것이 해결될 것이다"라는 것을 확인하고, 연구소로 돌아가셨습니다. 하지만 오기로 했던 그 현의 토양비료 학자와 경작전문 학자는 오지 않았습니다. 그것은 어쩌면 회의 등에서 이러한 재배방법을 취해보는 것이 어떻겠느냐는 의견이 제시되었다 하더라도 "시험장 전체로서는 어렵다. 그것은 시기상조다. 실시할 수 없다. 좀더 모든 면에서 연구해보지 않으면 안된다"는 쪽으로 의견이 기울었기 때문일지 모릅니다. 이렇게 되면, 몇년 뒤로 일이 미루어집니다.

이러한 일이 모든 현에서 일어나고 있습니다. 실상이 이렇습니다. 시찰하러 온 농업 기술자나 전문가들이 이 농법이 이런 점에서 의문이 있다, 이러한 점이 나쁘다는 판단을 내린 일은 이제까지 거의 없습니다. 모두 자신의 전문적인 입장에서 보면 이것으로 아무 문제 없다고 말합니다. 적어도 "지장이 없다고 본다"는 말은 남기고 돌아갑니다. 그런데도 그 후 5~6년이 지나도 어떤 현에서도 그것을 구체화한 예가 없습니다.

그것은 현재의 시험장 조직 혹은 대학 연구기관이나 연구방법을 보면, 당연히 그렇게 될 수밖에 없습니다. 안타까운 일이지만, 여러가지 점에서 신중, 신중이라는 브레이크가 걸리고 있습니다. 그렇지만 어쨌든 한발씩 구체화되는 방향으로 다가가고 있는 것은 확실합니다. 바로 얼마 전부터 긴키(近畿)대학 농학부에서 자연농법 연구팀을 만들어 각 교실의 선생님들이 번갈아가며 제 논이나 감귤산에 와서 2~3년이 걸리는 조사활동을 하게 되었습니다. 그러나 한발 다가섰다고 하지만 또한 두발 반대방향으로 가지 않았나 하는 느낌도 없지 않습니다.

앞에서도 말씀드렸지만, 이 방법의 골조는 취하더라도 비료나 농약, 농기구조차 쓰지 않는다고 하면 현대사회 속에서는 대단히 지장이 많기 때문에, 때와 경우에 따라서는 써도 무방한 것이 아니냐는 생각에서 장려되는 일이 많습니다. 그렇게 되면 농가에서는 과학을 부정하는 자리까지는 물론 갈 수 없고, 양자를 절충한 듯 보이는 자리에서 해나가게 됩니다. 그러나 그러한 것들이 편리할 것이라는 생각에서 쓰는 것과, 그것들을 사용하는 것이 진짜 농법이라는 생각에서 쓰는 것과는 오십보백보처럼 보여도 향하고 있는 방향은 정반대입니다. 실제로 가서 보면, 더딘 한걸음일지언정 진정한 농업의 원류로 돌아가고자 하는 기색이 있는가 하면, 바로 두걸음 거기에서 벗어나는 결과도 볼 수 있습니다. 이러한 일이 계속 반복되면, 세상은 참으로 어느 쪽을 향해서 가고 있는 것인지 알 수 없게 됩니다. 결과적으로 보면 역시 한발짝도 자연농법에 가까워진 것이 아니고, 오히려 더욱 멀어져가고 있는 것이 아니냐는 생각을 하지 않을 수 없는 것입니다.

인간은 자연을 알고 있는 것이 아니다

최근 곰곰이 생각해보았는데, 이러한 논의는 분업화된 전문 과학자의 머리만으로는 안되고, 과학자와 철학자와 종교가는 물론 농부와 정치가와 예술가가 모두 함께 모여서 해야 한다 싶습니다. 모두 모인 자리라야 이 논의의 진정한 가치가 비로소 인정받을 수 있다는 겁니다.

올해 4월에는 각 현이나 농업시험장의 농업기술자, 교토나 오사카의 대학교수, 환경과학연구소 관계자들이 그룹을 지어 스무 분 정도 오셨습니다. 또한 자연농법을 실천하고 있는 종교인 세계구세교(世界救世教)의 전국 각 현 대표자들도 함께 오셨습니다. 저는 그러한 상태가 되지 않으면 안된다고 생각합니다. 왜냐하면 전문 농학자나 과학자는 자연을 안다고 생각하거나 혹은 그런 입장에 서있습니다. 그렇기 때문에 자연을 연구하여 이용할 수 있다고 확신하고 있습니다. 그러나 철학적으로나 종교적으로 볼 때 인간은 자연을 알 수 없다고 하는 것이 옳습니다.

저는 제 산오두막에서 자연농법을 배우고 있는 청년들에게 자주 이런 말을 합니다.

"누구나 산의 나무를 보고 있다. 밀감나무 잎사귀를 보고 있다. 벼를 보고 있다. 푸름을 알고 있는 것처럼 생각하고 있다. 아침저녁으로 언제나 자연과 접하며 그 속에서 살고 있다고 여기고 있다. 하지만 아니다. 인간은 진짜 자연을 알고 있는 것이 아니다. 그러므로 자연에 다가갈 수 있는 첫걸음은 이, '진짜 자연을 알고 있는 것이 아니다'라는 사실을 깨닫는 것이다. 자연을 알고 있다고 생각할 때 인간은 자연으로부터 멀어지게 된다."

그러면 청년들은 묻습니다.

"그렇다면 이 자연은 알 수 없는 것이냐? 우리들이 알고 있는 자연이란 도대체 무엇이냐?"

"자네들은 자연 그 자체의 본체를 알고 있는 것이 아니다. 머리로 잘못 알고 있는 것을 자연이라고 여기고 있을 뿐이다. 또는 식물학적인 지식, 예를 들면 이것은 벼과의 벼이다, 이것은 감귤류에 속하는 귤이다, 소나무과의 소나무다라는 정도를 알고 있는 것에 지나지 않는다."

진짜로 볼 수 있는 이는 오히려 갓난아기나 어린이들입니다. 아이들은 아무 생각 없이 봅니다. 아이들의 눈은 곧고 맑게 트여있기 때문에 푸름을 그대로 보고, 푸름을 푸름으로 느낍니다. 그런데 어른의 눈이 보고 있는 자연은 일곱가지 색깔 중 하나에 지나지 않습니다. 텔레비전의 푸름이나 자연의 푸름이나 아무런 차이가 없습니다. 거기서 받는 감동도 텔레비전에서나 자연에서나 다를 것이 없습니다. 그리고 푸름이 짙다든가 옅다든가 선명하다든가 선명하지 않다든가 하는 견해 정도가 있을 뿐입니다.

어떤 하나의 입장을 통해서 본 것은 참다운 것이 아니라는 사실을 자각하지 못하면, 진짜 이야기는 정말 한마디도 할 수 없습니다. 각 전문 분야의 사람들이 서로 도와가며 한포기의 벼를 본다고 가정해봅시다. 병충학자는 병충의 입장에서 보고, 비료학자는 비료의 입장에서 봅니다 ― 이렇게 해도 사실은 어렵습니다. 어렵더라도 이러한 사람들이 모여서 하나를 볼 경우 전체적인 파악이 가능하지 않을까 하는 것인데, 현재는 이런 일조차 이루어지지 않고 있습니다. 예를 들면 고치현 농업시험장 분들이 우리 논에서 벼 병충과 천적 관계를 조사할 때 저는 이런 말씀을 드렸습니다.

"선생님들은 거미를 연구하고 계시기 때문에 수많은 천적 중에서도 오로지 거미만을 붙잡고 있는 것은 아닌지요? 그래서는 사실을 알 수 없습니다. 올해는 거미가 눈에 많이 띄지만 지난해에는 옴개구리가 매우 많았습니다. 그 전해에는 청개구리였습니다. 이러한 변화가 있었지요."

그해 어떤 시기에 어떤 것이 어떤 역할을 하고 있었다는 식의 파악은, 실은 매우 부분적이고 국소적인 파악입니다. 거미가 발생했기 때문에 벼 병충이 적어진 경우도 있습니다. 혹은 그와 반대로 가뭄이 들어 논에 물이 말랐기 때문에 벼멸구가 발생하지 않았던 일도 있습니다. 저는 벼 병충 방제에는 약제 쓰기에 노력을 기울이기보다는 논에 물을 대지 않고 마른 채로 둔다거나 썩은 물을 대지 않는 방법이 더 효과적이지 않을까 하여 쭉 실험을 해왔습니다. 논물을 대는 것과 대지 않는 것과는 차이가 있습니다. 이 차이를 무시한 병충해 대책은 실은 엉터리입니다.

벼 병충과 거미의 관계에 관한 연구도, 사실을 말하자면, 거미와 개구리의 관계를 염두에 두면서 연구를 진행하지 않으면 안됩니다. 이러한 이유로 개구리를 연구하고 있는 사람도 오지 않으면 안됩니다. 거미를 연구하고 있는 사람은 물론, 생물을 연구하는 선생님도, 물과 벼의 관계를 연구하는 선생님도 여기에 오지 않으면 안됩니다. 더욱이 논에 있는 거미만 하더라도 4~5종이나 됩니다. 어떤 거미는 비행기처럼 거미줄을 타고 날아다니는 것도 있습니다.

벼를 벤 다음날 아침에 가보면 비단실을 펼쳐놓은 것처럼 거미집이 논바닥 전면에 덮여있습니다. 하룻밤 사이의 일입니다. 거미줄은 아침 이슬을 받으며 반짝반짝 빛나는데 참으로 아름다운 정경입니다. 가까운 곳에 사는 분들이 제 논을 멀리서 보고, "마치 비단그물을 펼쳐놓은 것처럼 보이는데, 그게 뭡니까? 안개그물을 쳐놓은 것도 아닌 것 같고…"라며 와보는 일까지 있습니다. 그처럼 아름답게 거미줄이 쳐져있습니다. 잘 관찰해보면 1제곱센티미터에 한마리나 두마리의 거미가 있어요. 빽빽하여 틈이 없을 정도입니다. 논 한마지기에 셀 수 없이 많은 거미가 있는 것입니다. 백만마리일까요, 천만마리일까요?

그리고 또 2~3일 뒤에 가 보면, 특히 바람이 부는 날에는 40~50센티미터에서 몇미터나 되는 비단실이 바람에 날리고 있는 것을 볼 수 있습니다. 도대체 무엇인가 하여 잘 보면 거미줄이 끊겨 날리는 것으로 거기에는 5~6마리 거미가 매달려 있습니다. 마치 소나무나 민들레 씨앗이 바람에 날리며 날아가는 모습입니다. 비행기 대신 거미줄에 매달려 거미새끼들이 멀리까지 날아갑니다. 그 정경은 참으로 놀라워 자연의 위대한 드라마를 보는 듯한 느낌입니다. 예술의 세계라고 해야 마땅합니다. 그러므로 여기에는 역시 시인이라든가 예술가도 참가해야만 합니다. 그렇게 해야 비로소 자연이 어떤 활동을 하며, 어떤 드라마를 연출하고 있는가를 조금이나마 이해할 수 있게 됩니다.

이러한 논에 농약을 뿌리면, 순식간에 모든 것이 사라져버립니다. 제가 한번은 아궁이 재는 괜찮겠지 하는 생각으로 그걸 뿌린 적이 있습니다. 그랬더니 한순간에 사라져버렸습니다. 먼저 거미줄이 끊기고, 2~3일 뒤에 가보니 거미가 더이상 보이지 않더군요. 전혀 해가 없으리라고 생각했던 아궁이 재조차도, 그것도 얼마 안되는 양을 뿌렸을 뿐인데도 몇만마리 거미를 죽이는 결과가 되고 말았습니다. 그리고 거미집 또한 무참하게 파괴되었습니다. 아궁이 재조차도 이만큼의 파괴를 하게 된다는 뜻입니다. 그러므로 이러한 점에서 말씀드리자면, 농약을 뿌리는 일은 단순히 벼의 해충인 벼 병충을 죽이는 데 그치는 것이 아니라, 천적인 거미를 죽이고, 자연 속에서 행해지고 있는 드라마 일체를 파괴하는 행위입니다.

논에 크게 발생하던 벼 병충의 대군이 늦가을이 되면 마치 둔갑술을 쓴 것처럼 하룻저녁 사이에 없어지는 현상 또한 이해하기 쉽지 않습니다. 어디서 해를 넘기고 어디로부터 날아오는 것인지 어디로 사라져가는 것인지 아직 수수께끼입니다. 이렇게 보면 벌레 전문가가 알고 있는 사실은 정말 보잘것없습니다.

이렇게, 농약 뿌리기는 병충학자만의 문제가 아닙니다. 이른바 인간의 진선미를 추구하는 모든 사람, 요컨대 철학자와 종교인으로부터 아름다움을 추구하는 예술가까지 참가하는 검토회를 열어서 농약을 뿌려도 괜찮은 것인지 아니면 뿌려서는 안되는 것인지, 비료를 뿌리면 어떻게 되는지 등등을 논의하지 않으면 안됩니다. 나는 종교인이기 때문에 논밭일은 몰라도 되고, 농부가 비료를 뿌리든 말든 나와는 상관없다는 식의 사고방식은 좋지 않습니다. 미술가는 화실에서 캔버스 위에다 가을 전람회에 낼 그림을 열심히 그립니다. 방 밖으로는 한발짝도 나가지 않습니다. 자연의 아름다움이란 무엇인가 따위에는 관심이 없이, "추상화를 그리는 것이 좋겠지. 아니야, 무슨 그림을 그린들 어때?"라며 그저 그림만 그리는데 그래도 좋을까요? 이렇게 자연에서 멀어져가는 일들이 실제로 일어나고 있습니다. 자연보다 인간의 지혜, 인간이 생각해낸 진선미 쪽이 위대한 것처럼 착각하고 있지만, 단 한번만이라도 이 논 속에서 벌어지고 있는, 작지만 경이로운 세계를 엿볼 수 있다면, 인간의 지혜라든가 사고방식이 얼마나 천박한 것인가를 이해할 수 있을 겁니다.

여기서 쌀과 보리 10섬 이상 수확한 것은 어쩌면 에히메현 최고일지도 모릅니다. 현이나 농림성 사람들도 와서 보고 역시 놀랍니다. 이처럼 다수확을 올리고 있는 논이지만, 그것은 과학을 부정한 자리에서 가능한 일이었습니다. 이 논을 보고, 이 불과 얼마 안되는 몇단보 논을 재료로 삼아서 이 논 속을 철저히 탐구해가면 자연이란 과연 무엇인지, 인간이 알 수 있는지 어떤지, 또한 인간 지혜의 한계라고 하는 것도 저절로 이해가 되리라고 봅니다. 과학지식이란 인간의 지혜가 얼마나 보잘것없는가 하는 것을 알기 위해 쓸모가 있었을 뿐이라고 하면, 비유가 지나칠까요?

제2장

누구나 할 수 있는 즐거운 농법

세계가 주목하는 자연농법

쌀과 보리농사의 실제

벌레가 우글우글

보리베기를 하다가 논에 앉아 잠시 쉴 때였습니다.

"여보게들, 자네들이 짚고 있는 손바닥 아래 몇마리나 되는 벌레가 있는지 세어보려나."

그러자 모두 논바닥으로 고개를 숙이고, 눈을 화등잔같이 뜨고 벌레 수를 세기 시작했습니다.

"손바닥이라면 겨우 10제곱센티미터쯤인데, 그 안에 100마리쯤 될 거 같아요! 하지만 벌레들이 계속 움직이고 있기 때문에 정확히는 알 수 없어요."

"아니, 그 이상이야! 200마리 이상은 될 것 같다, 도저히 셀 수 없어요…. 놀랍네요."

"어떤 벌레가 있어?"

"개미 등이다."

"개미가 아니다. 거미 새끼다."

"선충류, 짚신벌레, 날벌레, 집게벌레, 벼멸구 등 온갖 벌레가 다 있지만 제일 많은 것은 역시 거미 새끼네요."

"엄청나네요. 그런데 이웃 논은 어떨까?"

그러면서 한 청년이 옆에 있는 다른 사람의 논으로 갔습니다.

"역시 땅갈이를 한 논에는 벌레가 별로 없네요."

그때, 논바닥에 엎드려 있던 한 청년이 갑자기 놀란 소리를 지르며 일어섰습니다.

"햐, 이 거미 새끼들 좀 봐. 내 몸이 온통 거미 세상이 됐어. 여기저기 없는 데가 없어."

"하하, 몸에만이 아니야. 네 더벅머리에도 있어. 몇마린지 세어 볼까. 하나, 둘 … 열마리, 열한마리…."

보리를 베어낸 논바닥에는 물론, 잠시 전에 베어놓은 보리 섶 위에도 이미 거미줄이 가득 쳐져있었습니다. 5월의 태양 아래서, 이 작은 동물들의 활동은 잠시도 머뭇거림 없이 벌어지고 있었습니다.

자, 이쯤에서 벌레 관찰은 청년들에게 맡기고, 저는 자연농법의 방식에 관해 이야기하기로 합니다.

잡초가 있어도 쌀·보리농사가 잘된다면 그것으로 좋지 않은가

여기를 봐주십시오, 이 보리로부터 발산되고 있는 이 강렬한 에너지를. 압도당할 것 같지 않습니까?

1단보(10아르)에 10섬 이상 나옵니다. 이 보리 줄기 아래를 좌우로 헤쳐보십시오. 보리 줄기 옆으로는 클로버가 무성하게 자라고, 별꽃이나 둑새풀 같은 잡초도 드문드문 섞여있습니다. 그리고 클로버 아래에선 지난해 가을에 흩어뿌린 볏짚이 잘 썩은 퇴비로 변해가고 있습니다. 보리와 풀이 있고, 그 아래 퇴비까지 있기 때문에 그 안에서 엄청난 숫자의 가지각색의 벌레가 공생하는 게 가능한 것이지요. 이것이 자연의 모습입니다.

일전에 오셨던 목초 분야의 권위자 가와세(川瀨) 선생님이나 고대식물 연구가 히로에(広江) 선생님 등은 보리와 풋거름풀(綠肥)이 함께 잘 자라는 모습을 보시고 아름다운 예술품을 보는 기분이라고 말씀하시더군요. 직접 농사를 짓고 있는 분들은 예상보다 논에 잡초가 적다고 하셨고, 농업기술자 분들 또한 "풀이 별로 없네"라며 고개를 갸웃거리는 일도 있었습니다. 그럴 때 저는 이렇게 말합니다.

"30년쯤 전, 제가 과수원에 '클로버 두고 기르기'를 장려할 때에는 과수원에 풀 한포기 없는 일이 보통이었고, 밭에 풀을 기르다니 터무니없는 일이라며 사람들은 웃었습니다.

그 뒤 클로버 초생(草生), 곧 클로버와 함께 기르기는 제가 기대한 만큼 보급되지 않았습니다. 하지만 제가 계속 클로버 씨앗을 뿌리고 있는 사이에 풋거름풀 속에서도 잡초가 생기고, 이윽고 잡초 속에서도 과수 농사가 가능하다는 이해가 절로 정착되어갔습니다. 지금은 전국 어느 과수원이나 풀이 있는 것이 예사고, 오히려 풀이 없는 과수원이 드물어졌습니다. 논도 지금 그렇게 돼가고 있습니다. 벼와 보리 속에 잡초가 있더라도 쌀과 보리 농사가 잘 되면 그것으로 충분하기 때문입니다."

쌀농사와 보리농사의 방법

또하나 이 논에서 주목해야 할 것이 있습니다. 잘 보아주십시오. 흙 속에 뿌린 점토단자(粘土團子)에서 볏모가 2~3센티미터 싹을 틔우고 있는 것이 보이지요? 이게 무슨 일인가 하면 벼와 보리가 동시에 혼식되어 있다는 것을 뜻합니다.

이 농사 방법을 한마디로 말씀드리면, 벼를 베기 전인 가을, 그러니까 10월 상순 무렵입니다, 벼이삭 위로 클로버 씨앗을 10아르당 500그램 정도 흩어뿌리고, 이어서 10월 중순에 보리 씨앗(조생종은 6~10킬로그램)을 마찬가지로 벼이삭 위로 흩어뿌립니다. 보통 벼베기 약 2주일 전까지 씨앗을 뿌려두면, 벼를 벨 때 클로버나 보리는 2~3센티미터 이상으로 자라게 되는데 그것으로 좋습니다. 보리밟기를 하면서 벼베기를 하는 셈입니다. 탈곡을 하고 난 볏짚은 기장째 논 전면에 흩어뿌려줍니다.

그 전후, 11월 중순 이후가 좋습니다. 볍씨(6~10킬로그램)를 점토단자로 만들어 뿌려둡니다. 그 뒤에 건조시킨 계분을 1아르당 20~40킬로그램 정도 뿌려주면 파종은 끝입니다.

씨앗을 겨울 전에 뿌릴 때는 씨앗 그대로는 쥐나 새들이 먹어버리거나 썩어버리기 쉽기 때문에 점토단자를 만들어 뿌립니다. 점토단자는 점토, 곧 진흙에 씨앗을 넣고 섞은 뒤에 물을 붓고 휘저어 섞은 후 철망 사이로 밀어내서 한나절 건조시켜 1센티미터 크기의 알맹이로 만듭니다. 또다른 방법의 하나는 물에 담가 축축해진 씨앗에 진흙 가루를 뿌리면서 회전시켜서 단자를 만드는 방법이지요.

5월에 보리베기를 할 때는 볏모를 밟을 수밖에 없습니다. 그러나 쓰러진 볏모는 곧 원래 모양을 되찾습니다. 보리베기와 탈곡을 하고 난 후 생기는 보릿짚은 길이 그대로 논 전면에 흩어뿌려놓습니다. 그리고 클로버가 지나치게 무성해짐으로써 볏모가 부담을 느낄 경우에는 4~5일이나 일주일 정도 논에 물을 대서 클로버의 성장을 억제시킵니다. 밑거름으로 주는 닭똥은 보리와 같습니다.

6~7월에는 지나치게 물을 대지 말고, 8월 이후에는 물을 가두어두지 않고 때때로 흐르게 하는 정도로 ― 일주일에 한번 정도 물이 흐르게 하는 정도라도 좋습니다 ― 결실의 계절을 맞이합니다.

이것으로 쌀·보리농사의 일대를 모두 설명한 셈이 됩니다.

씨앗 뿌리기에 1~2시간, 짚 덮기에 2~3시간, 그 밖에 수확에 드는 노력을 별도로 한다면, 보리는 완전히 한사람의 힘만으로도 가능하고, 벼는 두세사람의 힘만 있으면 충분합니다. 이 이상 간단하고 일이 적은 농사법은 아마 없지 않을까 싶습니다.

저는 이 방법을 기술적으로는, '쌀·보리 땅 갈지 않고 이어 바로 뿌리기(米麥連續不耕起直播)'라고 불러왔는데, '풋거름풀과 함께 쌀·보리 섞어뿌리기 재배(綠肥草生米麥混播栽培)'라고 해도 좋습니다. 벼만을 이야기한다면 '월동재배(越冬栽培)'라고 해도 좋겠습니다. 어떤 이름이 좋을까 생각하고 있습니다. 어쨌든 저는 이 방법을 자연농법의 쌀과 보리농사의 기본형으로 제안하며 권유하고 있습니다.

저것도, 이것도 안하는 것이 좋지 않을까

이렇게 쌀·보리농사 방법에 대해 말씀드리면 너무 간단하여, "뭐 별것 아니잖아, 이 정도라면 풋내기도 할 수 있겠다" 또는 "아니야, 더 좋은 방법이 있을 거야"라는 생각이 드실지도 모르겠습니다. 그러나 매우 간단해 보이는 이 방법에 접근하는 데 저는 40년 이상을 소비했습니다. 그 결과 싸우지 않고 상대를 이기는 농법이 되었지만, 이 방법은 가장 간단한 반면 동시에 가장 어려운 것이기도 합니다. 가장 엄격한 농법이라고 해도 좋습니다.

저는 농업기술자로 10년, 농부로 37년을 살아왔습니다. 그동안 제가 외곬으로 추구해온 것이 무엇인가를 말씀드리면, "인지와 인위, 곧 사람의 지혜와 그 지혜에 따른 인간의 행위 일체는 쓸모없다"는 사상에서 출발해서, 아무것도 하지 않아도 되는 농법이 반드시 있을 것이라는 확신을 가지고 어떻게 하면 아무것도 하지 않아도 될까, 그 길만을 향해 걸어왔습니다.

하지만 농업시험장에서 일할 때는, 저렇게 하면 좋지 않을까, 이렇게 하면 좋지 않을까 하며 온갖 기술을 긁어모으는 연구도 동시에 해왔습니다. 그러다가 시험장을 그만두고 농부가 되었을 때는 다른 어떤 농부보다 농사를 잘 지을 수 있으리라 생각했고, 사실 자신감도 있었습니다. 하지만 이웃과 비교해 조금도 잘되지 않더군요. 오히려 이웃 농부 쪽이 훨씬 나았습니다. 이런저런 여러 가지 기술을 많이 알고 있었지만, 그렇게 하면 할수록 일만 많고 힘만 들 뿐이었습니다. 수확도 10섬 정도가 고작이었습니다.

그런데 그보다 전부터 사실 저는 기존 쌀농사나 보리농사와는 그 사고방식이 근본적으로 다른 자연농법을 실천해보고 있었습니다. 다수확을 위해서 '기술'을 모으려는 생각과 행동 일체를 버리고 그와는 역방향을 택했습니다. 저것도 하지 않아도 좋지 않을까, 이것도 하지 않아도 좋지 않을까 하며 그런 것들을 모두 그만둬버렸습니다. 그 결과, 제 쌀·보리농사는 지극히 간단한 모양이 됐습니다. 씨앗을 뿌리고 짚을 덮기만 하면 되기 때문에 이보다 더 간단한 방법은 아마 없을 것입니다. 그러나 쌀과 보리 모두에서 1단보당 10섬 이상의 수확을 얻게 되기까지는 20년, 30년이 걸렸습니다. 하지만 그것이 자연농법으로 성공하는 데 많은 세월이 필요하다는 것을 의미하는 것은 아닙니다.

올해 잘된 논은, 1제곱미터당 점토단자 열알을 뿌렸는데, 한그루가 20개의 가지를 쳤고, 벼이삭 하나당 평균 벼 알곡 수가 250알로, 현미 총 중량이 1톤(15섬쯤)이 나왔습니다. 이것은 자연농법에 적합한 다수확 품종을 사용했기 때문입니다.

자연농법의 4대 원칙

4대 원칙이란

1) 땅을 갈지 않는 것(無耕耘)입니다.

모두들 논밭은 갈지 않으면 안되는 것으로 알고 있습니다. 그러나 저는 감히 땅을 갈지 않는 것을 원칙으로 해왔습니다. 대지는 사람이 갈지 않아도 스스로 갈아가며 해마다 지력을 증대해간다는 확신을 갖고 있었기 때문입니다. 즉 인간이 기계로 갈지 않더라도 식물의 뿌리나 미생물 그리고 땅 속 동물들의 활동으로 생물적·화학적 땅갈이가 저절로 이루어집니다. 더욱이 이쪽이 더 효과적입니다.

2) 비료를 쓰지 않는 것(無肥料)입니다.

인간이 자연을 파괴하고 방임하면, 토지는 해마다 메말라갑니다. 또한 인간이 서투른 경작이나 약탈농법을 행하면, 당연히 토지는 척박해져서 비료가 필요한 땅이 됩니다. 그러나 본래 자연의 토양이란 동식물의 생활 순환이 활발해질수록 비옥해지기 때문에, 작물을 비료로 재배한다는 생각을 버리고 흙으로 기르는, 즉 무비료 재배를 원칙으로 합니다.

3) 농약을 쓰지 않는 것(無農藥)입니다.

자연은 항상 완전한 균형을 유지하고 있기 때문에 인간이 농약을 사용하지 않으면 안될 정도의 병이나 해충이 발생하는 일은 없습니다. 경작 방법이나 비료 주기가 잘못돼서 병약한 작물이 생길

때 자연이 균형을 회복하기 위하여 병충해가 발생하는데, 그때 농약이 필요하게 되는 데 지나지 않습니다. 건강한 작물을 만드는 일에 노력하는 쪽이 현명한 일임은 두말할 나위도 없는 일입니다.

4) 제초를 하지 않는 것(無除草)입니다.

풀은 당연히 돋아나야 하기 때문에 돋아나는 것입니다. 잡초도 발생하는 이유가 있기 때문에 발생하는 것입니다. 자연 속에서는 잡초 역시 무엇인가 나름의 역할을 하고 있다는 뜻입니다. 또한 영원토록 한종류의 풀이 토지를 점유하는 일도 없습니다. 시간이 가면 반드시 교체됩니다. 원칙은 "풀은 풀에 맡겨두는 것이 좋다" 입니다만, 적어도 사람이 기계나 농약으로 섬멸하는 작전을 편다거나 하지 않고, 풀은 풀로써 제압하고 풋거름풀 등으로 제어하는 방법을 취합니다.

이 네가지 원칙에 관해서 조금 더 설명을 덧붙여보겠습니다.

첫째는 무경운입니다. 논밭을 갈지 않는다고 하면 누구나 일시적인 것이라고, 혹은 원시농법일 것이라 생각하기 쉽습니다. 하지만 숲 속 나무는 땅을 갈거나 비료를 주지 않아도 매년 저절로, 자신들의 힘으로 자라갑니다. 이 성장량을 계산해보면 10아르당 귤이라면 2,000킬로그램, 쌀로 환산하면 10섬에 가까운 것을 알 수 있습니다. 자연의 힘은 예상 이상입니다.

그러나 어디에서나 그렇다는 것은 아닙니다. 민둥산을 방치해 두면 100년이 가도 메마른 황토입니다. 쌀 한가마 안 나옵니다. 소나무를 심고 잡초나 클로버가 자라기 시작하면서 10년이 지나면 10센티미터 정도 비옥한 겉흙(검은흙)이 생기게 됩니다. 잡목으로 이루어진 산은 삼나무나 노송나무로 이루어진 산보다 흙이 가장 먼저 비옥해집니다. 삼나무나 노송나무를 계속해서 심으면 흙이 메말라버리는데 이것은 삼림 농가들이 자주 경험하는 일입니다.

토양비료 전문가에게 "논밭의 흙을 방치해두면 비옥해질까요, 척박해질까요?"라고 물어보면 대개 잠시 어리둥절해합니다. "글쎄요, 척박해지겠지요. 아니, 여러해살이 벼(長年米)를 비료 없이 재배해보면 수량이 1단보당 4섬으로 대부분 안정되어갑니다. 그것을 보면 흙은 척박해지지도 비옥해지지도 않는 것이 아닐까요?"라고 대답합니다.

농사를 안 지으면 일본의 논은 메말라버릴 것이라는 이야기를 자주 듣지만, 저는 그렇게 보지 않습니다. 자연은 가만히 내버려두더라도 비옥해집니다. 그러나 어떻게 하면 논밭이 어떤 속도로 자연스럽게 비옥해질까라는, 농업에 있어서 가장 기본이 되는 이 중요한 문제에 관한 연구가 유감스럽게도 전혀 없습니다. 이상하게도, 산에 어떤 나무를 심으면, 그리고 밭에 어떤 풀이 나면 흙이 좋아지고 나빠지는지에 대해서 전혀 실험이 없습니다. 기계로 깊이 갈면, 또는 비료나 토양개량제를 사용하면 흙이 좋아진다는 실험뿐입니다. 그러나 기계가 어떻게 흙을 파괴하는지에 관한 연구는 없습니다.

저는 몇십년 동안 무심히 자연을 지켜보기만 했지만, 그런데도 자연의 땅갈이, 예를 들면 두더지나 지렁이, 작물의 뿌리 등이 하는 생물적 땅갈이 쪽이 인위적인 땅갈이보다 우수하게 땅을 검고 기름지게 만들어가는 것을 보았습니다. 그것을 보며 저는 땅을 갈지 않거나 비료를 쓰지 않고도 농사를 지을 수 있다는 자신감을 키워올 수 있었습니다. 대체로 농작물이 가장 많이 흡수하는 질소비료의 7할은 자연의 흙이나 물에서 공급되고 있는 것이고, 그 나머지 3할은 인간이 주고 있습니다. 쌀이나 보리, 과일나무 등의 열매만을 따내고 짚이나 작물의 줄기와 잎 전부를 원래의 자리로 되돌려주면 필요량은 1할이 남는데, 그 1할은 풋거름풀 등을 기르면 되므로 비료는 거의 필요없습니다.

둘째는 무농약입니다. 농약을 사용하지 않더라도 자연의 수목이나 풀은 눈에 띌 정도로 그렇게 심하게 피해를 입는 일은 없습니다. 하지만 그렇지 않다고 생각하는 사람이 있을지도 모르겠습니다. 예를 들면, 요즈음 일본 소나무는 하늘소 피해를 크게 입고 있습니다. 현재 헬리콥터 약물 공중살포로써 피해를 막아보려고 하고 있지만 저는 효과가 있으리라고 생각하지 않습니다. 당연히 다른 방법이 있다고 생각합니다. 최신 연구에 따르면, 하늘소에 의한 직접 피해는 없다고 합니다. 하늘소가 매개하는 선충(線蟲)이 소나무 줄기 속에서 맹렬히 번식함에 따라 수도관(水道管)이 막히면서 소나무가 말라 죽는 것이라고 합니다. 그러나 이것조차도 진짜 원인을 진정으로 이해한 것은 아닙니다. 하늘소가 아니라 선충의 피해라고 하더라도, 그 피해가 왜 갑자기 서일본(西日本)에서 크게 일어나게 된 것일까요?

선충의 먹이는 소나무 줄기 속에서 사는 세균입니다. 이 세균이 많아졌기 때문에 그것을 먹는 선충이 증가할 수 있었다고 볼 수 있습니다. 그런데 이 세균이 요즈음 왜 소나무 속에서 이상 번식을 하고 있는 것일까요? 그것은 뿌리가 썩고 있기 때문입니다. 소나무 뿌리가 썩게 되면 소나무 뿌리에 기생하는 송이버섯균이 죽어버립니다. 왜 송이버섯균이 죽는 것인지 아직 확실하지 않지만 흑선균 따위가 과다하게 발생했기 때문이라고 생각해볼 수 있습니다. 이 해로운 균의 발생은 토양 미생물계의 이변에서 출발한 것이겠지요. 산성비가 내림에 따라 토양이 강도 높게 산성화된 것이 원인인 것 같습니다. 요컨대 산성화와 고온 상태에서 송이버섯균이 사멸하고, 그것이 원인이 되어 뿌리가 썩기 시작한 것이 아니겠느냐 하는 것입니다. 하지만 이렇게 되면 무엇이 원인이고 결과인지 도무지 알 수 없게 됩니다. 선충의 먹이가 되는 것이 세균인데, 그 세균에 기생하는 세균도 있습니다. 또한 세균을 죽이는 바이러스도 있으므로 선충의 출발점은 어딘지 알 수 없습니다. 그러므로 자연의 자연스런 먹이사슬 구조가 어디부터인가 잘못되기 시작했고, 그것이 모든 방면에 영향을 미치게 되며, 그 결과 소나무가 말라 죽어가는 현상이 일어나게 되었다고 할 수밖에 없습니다. 일종의 공해병이라고 말할 수 있겠지요. 송이버섯균이 사멸해 감에 따라 손쉽게 소나무 줄기로 침입한 흑선 병균이 소나무를 쇠약하게 만들고, 그 쇠약해진 틈으로 하늘소가 달라붙어서 소나무가 말라 죽어간다고밖에 생각할 수 없습니다.

소나무가 말라 죽어가는 진짜 원인이 무엇인지, 그것이 자연파괴인지 자연복원 활동인지, 요컨대 소나무가 시들어 죽어가는 것이 좋은 일인지 나쁜 일인지조차도 알지 못하고 있습니다. 그러므로 지금 서투르게 손을 댄다면 오히려 다시금 크게 재앙의 씨앗을 뿌리는 일이 될지도 몰라 저는 신중히 지켜보고 있을 뿐입니다.

어떤 동식물일지라도 404가지 병이 있습니다. 그러나 자연 속에서는 농약을 쓰지 않으면 안되는 그러한 극단적인 경우는 거의 없습니다. 농약 사용은 가장 서투른 수단입니다. 이상 증세에는 반드시 저쪽이 아니라 인간 쪽에 원인이 있습니다. 인간이 반성하고 자연으로 돌아가서 자연적인 방법을 취하면 반드시 해결할 수 있는 길이 있습니다. 자연농업의 네가지 원칙이라는 것도 알고 보면, 자연의 힘을 살리고 그 질서를 따르는 일일 따름입니다.

저는 벼나 보리 그리고 과수 재배방법을 이와 같은 사고를 바탕으로 모색해왔습니다. 그러나 처음부터 이것과 병행해서 과학농법의 재배법도 한편으로 실시하며 그 우열을 비교·검토해온 것입니다.

발아 문제

몇백년 전, 아니 그보다 훨씬 전부터 같은 논에서 벼와 보리를 매년 이어 지으며 식량을 확보할 수 있었던 것은, 무논으로 벼를 재배하고, 우수한 물대기 방법을 개발하여 지력을 떨어뜨리지 않았기 때문입니다. 이처럼 뛰어난 농법은 세계 어느 곳에서도 찾아보기 어렵습니다. 다른 나라 사람들은 이것을 경이로운 농법이라고 말하고 있습니다. 그만큼 못자리 만들기나 모내기 방법은 쉬운 일이 아닙니다. 농부는 못자리를 만들며 매년 "올해야말로 훌륭한 모를 길러내야지" 하며 노력해온 것입니다. 얼마 안되는 면적의 못자리 터를 고르게 정리하고, 흙을 부수고, 모래나 태운 왕겨 등을 뿌리며 발아가 고르게 되기를 기도해온 것입니다.

제가 처음으로 땅을 갈지 않고 논에 씨앗을 뿌렸을 때, 논에는 벼와 보리 그루터기가 남아있었고 잡초가 자라고 있었습니다. 그런 데다 난폭하게 씨앗을 뿌리는 것을 보고 그것이 제대로 되리라고는 누구도 생각할 수 없었습니다. 주변 사람들이 저를 미친 사람으로 보았던 것도 무리가 아닙니다.

물론 갈아엎은 곳에 직파를 하는 쪽이 발아가 잘되는 것은 당연합니다. 그러나 도중에 비라도 내리면 논은 진창이 됩니다. 질퍽거리는 논에는 들어갈 수 없으므로 결과적으로 직파를 중지하지 않으면 안되는 상황이 벌어집니다. 논을 갈지 않으면 그 점은 안전합니다만 새나 쥐, 땅강아지, 민달팽이가 벼의 새싹을 먹어버리는 일이 있습니다. 그러면 곤란하므로 이때 점토단자 뿌리기가 하나의 해결방법이 되었던 것입니다. 무경운 직파, 즉 땅을 갈지 않고 바로 뿌리기에 처음 성공했을 때, 저는 콜럼버스가 대륙을 발견한 듯이 기뻤습니다.

잡초 대책

두번째 난관은 잡초 대책이었습니다. 잡초로 곤란을 겪으며 한때는 석회질소를 이슬이 마르기 전의 아침에 뿌려 잡초를 대충 잡아놓고 보리 씨나 볍씨를 뿌리기도 했는데, 나중에 석회질소나 제초제를 끊는 데 꽤 힘이 들었어요.

결국 대책의 요점이 된 것은 다음과 같습니다.

첫째, 땅을 갈지 않자 잡초 종류가 단순해졌습니다. 또한 짧은 기간 내에 잡초, 특히 물풀인 피 등이 적어진 것은 제가 최초로 겪은 뜻밖의 사건이었습니다.

둘째, 씨앗을 뿌리는 시기를 이용한 방법으로, 먼저 심은 작물이 자라고 있는 동안에 다음 작물의 씨앗을 뿌리면, 앞서의 작물을 수확하면 곧이어 다음 작물이 생육하게 되는데, 이처럼 두 작물 사이에 시간적인 틈을 주지 않는 방법을 취했습니다. 겨울 잡초는 벼 벤 뒤에 바로 발생합니다만, 겨울풀보다 보리를 먼저 성장시켜둡니다. 여름풀은 보리 베기 직후부터 빠르게 늘어나기 때문에 그 전에 벼를 먼저 길러두는 방법입니다.

셋째, 볏짚과 보릿짚을 거두어들인 뒤 바로 논 전면에 덮으면 그것이 잡초 발아를 억제하는 역할을 합니다.

넷째, 작물의 밑동 주변에 풋거름풀(클로버나 거여목) 씨앗을 뿌려서 잡초의 종류를 줄입니다.

이것으로 마침내 잡초 문제를 해결할 수 있게 됐습니다.

병충해 방제

잡초 대책 다음은 병충해 문제였습니다. 저는 병충해 방제를 하되 농약을 쓰지 않는 방법을 찾아 고심하였습니다. 그러나 이것은 제가 전문이었던 관계로 의외로 쉽게 일찍부터 전면적으로 실시할 수 있었습니다. 방법은 여러가지가 있습니다. 먼저 건강한 작물, 건전한 환경을 만드는 것이 중요합니다. 벼의 경우는 물대기 방법을 근본적으로 바꿔야 합니다. 그것이 건전한 농사법으로 가는 가장 가까운 지름길이 됩니다.

비료 문제는 처음부터 별로 문제가 없었습니다. 논벼라고 해서 항시 물을 바라는 것은 아닙니다. 논벼는 물에 견디는 힘이 강하다는 이유만으로 논에 일주일 이상 계속 물을 대주면, 뿌리가 썩기 시작하며 건강하지 못한 벼가 됩니다. 지금부터라도 옛날처럼 논에 집오리를 놓아기를 수 있으면 좋겠지만, 국도가 생기는 바람에 집오리가 다닐 수 있는 길이 차단되어버렸습니다. 그렇지만 풋거름풀 기르기로 좋은 성적을 거둘 수 있었습니다. 잉어를 기른다거나 투구새우를 풀어놓는다거나 하는 일도 해보았습니다.

온갖 실패를 해보았기 때문에, 어떤 때 어떤 실패를 하게 되는가에 대해서는 누구보다도 잘 알고 있다는, 좀 웃기는 자신감도 가지고 있습니다. 좌우간 과학기술 일체를 버릴 작정을 하고, 저것도 버리고 이것도 버리며 뼈대를 다듬어온 것입니다. 이렇게 다듬어진 뼈대를 '쌀·보리 땅 갈지 않고 이어 바로 뿌리기(米麥連續不耕起直播)'라는 이름으로 《농업과 원예》라는 농업잡지에 발표했습니다. 그때 양현당(養賢堂)의 가네하라(金原) 선생님과 농림성 농업기술연구소장 가와타(河田党) 선생님 등이 십년 후 일본 벼농사의 지표가 되겠다고 절찬하며 격려해주셨는데, 고마운 일이었습니다. 1961년인가 62년인가의 일이었지요. 그때의 '땅 갈지 않고 바로 뿌리기', '겨울 파종', '풋거름풀과 함께 기르기' 같은 방식들이 현재의 기본패턴이 되었습니다.

기로에 선 일본 벼농사

벼농사의 기본원칙은 '땅 갈지 않고 바로 뿌리기'

지금 일본의 벼농사는 경제적으로나 재배방법상으로나 중대한 기로에 서있습니다. 모내기 방식으로 할 것이냐, 바로 뿌리기로 할 것이냐? 바로 뿌리기라면 땅을 갈고 바로 뿌리기인가, 갈이 없이 바로 뿌리기인가로 농업기술자나 농민이나 모두 갈피를 못 잡고 있습니다. 20년도 더 전부터 저는 일본 벼농사의 본령은 땅 갈지 않고 바로 뿌리기라고 말해왔습니다.

10년쯤 전 일입니다. 오카야마현 농업시험장의 마츠모토(松本)

소장님과 만나서 여러가지 이야기를 나눈 끝에 소장님은 "알겠다, 앞으로 오카야마현에는 모내기 기계는 한대도 들여놓지 않도록 노력하겠다"는 말씀을 하셨습니다. 또한 그때 같은 현 농업단체 연락협의회의 초청을 받고 강연했을 때도 직파 시대가 오고 있다는 것을 강조하였습니다. 이 회의장에는 현이나 농협의 지도자 및 농업기술자 그리고 비료나 농약회사 분들도 오셨습니다. 이 모임은 각 방면의 사람들이 한곳에 모였다는 점에서 중요한 의미가 있었다고 생각합니다. 그때 제가 그 자리에서 이야기한 내용은 철학과 과학의 대결에 관한 것이었습니다. 한때 오카야마나 효고현에서는 직파 보급 속도가 대단했던 적이 있었습니다. 그러나 대세에는 이길 수가 없었습니다. 기계화만능 시대가 되고부터는 모내기 기계가 전국을 뛰어다니게 되었습니다.

과학농법 속에서도 의견 대립이 있습니다. 최근에는 과학농법도 반성을 통하여 자연농법의 뼈대를 택하고 부분적으로 과학의 편리한 방법을 취하는, 말하자면 '쌀·보리 땅 갈지 않고 이어 바로 뿌리기'가, 얕게 갈며 화학비료와 제초제를 쓰는 절충식 방법으로 변형되었습니다.

물론 저처럼 몇십년 동안 실제 논을 갈지 않았거나, 갈지 않아도 좋다고 확신하고 있는 현은 아직 없습니다. 그러나 대개의 현이, 아직 실험을 계속하고 있는 중이기는 하지만, 3년이나 5년 정도 '연속 땅 갈지 않기'는 문제가 없다고 발표하고 있습니다. 또한 에히메현 등에서는 벼, 보리 동시 혼파월동재배 실험 성적이 좋아서 '꿈의 쌀농사'라는 이름을 붙여서 널리 알리는 작업을 하고 있습니다.

제가 해온 일이 농업기술자들에게 힌트가 되었고, 그들이 그것을 응용하게 된 것은 다행스러운 일이지만 한편 염려되는 점이 없는 것도 아닙니다. 그들이 골조는 자연농법을 택하고 있을지 모르지만 겉모습은 여전히 과학농법을 버리지 못함으로써 화학비료와 농약을 폐지하는 방향으로 나아가지 못하고 있는 점입니다.

화학비료는 폐지하려고만 하면 폐지할 수 있습니다. 예를 들면 논에 집오리를 놓아기르는 방법이 있습니다. 벼의 어린 싹이 자라나는 시기에 새끼오리를 들여놓으면 벼가 자라감에 따라 새끼오리도 성장해갑니다. 사이갈이와 제초는 물론 오리 똥까지 주어지므로 비료가 필요없게 됩니다. 볏짚 되돌리기, 풋거름, 물풀 이용, 집오리나 물고기 방사 등이 제대로 행해졌을 때는 완전 무비료도 가능합니다. 하지만 사소한 실패가 커다란 실패를 낳는 일도 있습니다. 자연농법은 엄격한 농법이기도 합니다.

농약을 쓰지 않으면 식량 확보가 어렵다는 말을 하시는 분이 있습니다. 그것은 병원에서 지금 당장 약을 쓰지 않을 수 없는 것과 같은 이야기라는 것입니다. 그러나 인간과 작물은 근본적으로 다릅니다. 벼의 3대 병해라고 할 수 있는 도열병, 균핵병, 백엽병은 약한 품종을 쓰지 않고 질소 과잉을 피하고 물대기 양을 줄여 뿌리를 튼튼히 만들면, 이 방법들만으로도 농약을 폐지할 수 있습니다. 제 논은 처음에는 지력이 약한 박토로 호마엽고병이 자주 발생하는 논이었습니다. 그러나 논이 비옥해진 요즘에는 전혀 병이 생기지 않고 있습니다.

해충도 근본적으로 마찬가지입니다. 천적을 죽이지 않고 보호하는 환경을 만드는 것이 제일 중요합니다. 그리고 다 아시는 얘기지만, 항상 물을 막아 둠으로써 물을 탁하거나 더럽게 만드는 것이 가장 나쁩니다. 물 관리에 따라서는 여름은 물론 가을 멸구과 병충 등도 억제할 수 있습니다. 다만 겨울풀 속에서 월동하는 풀멸구가 바이러스의 보독충(保毒蟲)이 되면, 벼에 위축병이 생겨서 1~2할의 피해를 입는 일도 있지만, 이때도 농약을 뿌리지 않으면 보통 병충의 몇배나 되는 거미와 같은 천적이 논에서 살아 활동할 수 있기 때문에 안심해도 괜찮습니다. 하지만 거미와 같은 곤충은 매우 사소한 일로도 전멸해버리는 일이 있기 때문에 늘 주의해서 살펴보지 않으면 안됩니다.

농약 폐지의 조건

사람들은 대개 지금 당장 농약 사용을 멈추면 수확량이 크게 감소하리라고 생각합니다. 그러나 병충해 전문가라면 대체로 5퍼센트 정도라고 말할 것입니다. 그러므로 과학적인 농업기술은 5퍼센트 감손 방지 기술이라고 말할 수 있습니다. 비료를 쓰지 않으면 5퍼센트, 농약을 사용하지 않으면 5퍼센트 감소한다고 보면 거의 틀림없습니다. 부분적으로 크게 줄어들 것처럼 예상되더라도 최종 결과는 의외로 피해가 적습니다. 자연에는 상보성이라든가 상쇄성이 작용하므로 저절로 복원하는 힘이 뜻밖에도 강합니다. 그 때문에 최후 수량은 큰 차이 없이 대동소이하게 되는 것입니다.

물론 처음부터 농약을 쓰지 않는 쪽이 현명하며 예상 이상의 수확도 얻을 수 있습니다. 무논에서 물 사용을 억제하면 농협에서 추천하는 농약을 쓰지 않더라도 그해부터 벼 병충해로 10퍼센트 이상 생산량이 줄어드는 일은 없고, 최악일 때도 5퍼센트 정도에서 그치고, 잘되면 오히려 증산이 된다고 저는 확신하고 있습니다.

저도 고치현 농업시험장에서 병충 방제 실험을 해본 적이 있습니다. 피해율 조사는 간단합니다. 흰 이삭이 몇그루 있는가 보면 됩니다. 100그루 중 흰 이삭이 10~20퍼센트, 삼화 명충이 극심할 때는 30퍼센트 정도일 때도 있었습니다. 다 죽은 것처럼 보였는데도 피해율은 30퍼센트 정도였습니다. 이 피해를 막으려고 약을 씁니다. 약을 써서 흰 이삭이 한그루도 없는 논을 만들면 좋은 성적이 나올 것 같지만, 결과는 전혀 그렇지 않습니다. 비교해보면 흰 이삭이 있는 편이 오히려 수량이 많은 경우가 많습니다. 저도 처음에는 그 시험을 제가 했으면서도 어딘가 착오가 있었던 것은 아니냐고 생각했을 정도입니다.

하여튼 이러한 일들 앞에서 저는 이게 도대체 어떻게 된 일인지 궁금하여 계속 조사해보았습니다. 결과는 벼가 지나치게 번성하면 그곳에 벌레가 붙어 그 지나친 부분을 알맞게 솎는 역할을 하지 않는가 하는 것이었습니다. 울창한 벼 포기 사이를 통과해서 햇빛이 뿌리 밑까지 가 닿을 수 있도록 벌레가 볏잎 수를 조절하는 것이지요. 벼의 생육을 벌레가 돕는 겁니다. 울창한 채로 벌레가 붙지 않으면 보기에는 좋지만 결실은 오히려 적은 경우가 많습니다. 자연에는 반드시 이러한 측면이 있습니다.

수없이 출판되고 있는 시험장 보고서 등을 보면 거의 모든 보고서가 약제 살포의 효과에 대해 언급하고 있습니다. 그러나 이 성적이 절반은 숨겨진 성적이라는 것을 여러분은 과연 알고 계십니까? 숨기려는 의도는 물론 없었겠지요. 그러나 발표된 성적을 농약회사가 이용할 경우 어이없게도 숨긴 것과 같은 결과가 됩니다.

시험장에서는 성적이 나쁘면 시험장의 착오로 단정해버립니다. 실제로 병충해 방제로 인하여 증산이 되는 일도 있습니다만, 오히려 감소할 때도 있습니다. 그런데 감소되는 경우는 거의 발표하지 않습니다.

사람들은 제가 농약을 일절 쓰지 않는 걸 보고 과학농법을 하다가 갑자기 농약 사용을 그만두면 병충해 발생이 심해지는 것이 아니냐고 걱정하는 경향이 있더군요. 그래서 저는 한번 실험을 해 보인 일이 있습니다.

인접한 곳과 멀리 떨어진 다섯곳의 논을 50아르 빌렸습니다. 모내기 직후의 논이었지요. 1년간 10아르당 9섬을 물기로 계약을 했습니다. 좋은 조건이었기 때문에 땅 주인들은 거절하지 않고 기껍게 계약을 해주었습니다. 저는 다음날 아침 일찍 논물을 전부 끊고 화학비료는 일절 사용하지 않고 닭똥만 주고, 무농약으로 일관했습니다. 네배미는 순조롭게 되었는데, 한배미만은 아무리 애를 써도 벼가 지나치게 되며 도열병이 발생하는 것이었습니다. 이상해서 주인을 찾아가 물어보았더니, 그 논을 그는 겨울철에 닭똥을 쌓아두는 곳으로 사용했다더군요. 그러나 거기서 그만둘 수 없어서 비상수단으로 볏잎을 낫으로 베어내자 잎도열병이 수습되더군요. 그래서 겨우겨우 약속한 도지를 물 수 있었습니다.

이때부터 주변 사람들의 무농약에 대한 비난이 사라지게 되었습니다. 다만 한사람, "농약도 치지 않는 게으른 사람에게는 논을 빌려줄 수 없다"는 땅 주인이 있었는데, 그 사람의 말을 듣고 곤란했던 일을 빼고는 성공이었습니다.

농약은 생각만큼 그렇게 필요한 것도 아니고, 효과가 있는 것도 아닙니다. 지금 농약 중에서 가장 폐지하기 어려운 것은 오히려 제초제입니다. 농사는 예로부터 '잡초와의 싸움'이라고 말할 정도로 농부는 잡초로 괴로움을 겪어왔습니다. 논을 갈아엎는 것은 물론, 사이갈이, 논에다 물대기 그리고 모내기 등은 그 주목적이 제초입니다. 제초제가 나오기 전에는 매일 제초기를 밀며 몇십킬로미터씩 논 속을 걸어 돌아다니지 않으면 안됐는데, 제초제가 나오고는 그저 몇번 뿌리기만 하여도 제초 문제가 해결됐습니다. 그러므로 농약이 농가의 환영을 받게 된 것은 어쩌면 당연하다고 할 수 있습니다. 그러나 이 제초제라는 농약이, 인간과 논밭 생물에게 얼마나 심각한 영향을 끼쳐왔는가를 아셔야 합니다.

저는 잡초 대책의 실마리를 짚과 풀에서 풀어보았습니다. 짚 한 오라기의 혁명, 클로버 혁명은 잡초 대책에서 출발한 것이라고도 할 수 있습니다. 풋거름풀이 자라고 있는 논에 생짚과 닭똥을 뿌리고 물을 대면 산화되어 발효하는 현상이 일어나며, 어린 잡초를 고사시킴으로써 여름풀의 발생을 억제합니다. 이것은 자연 화학적 제초법이라고 할 수 있습니다.

겨울 농사를 할 수 없는 추운 곳에서는 가을에 클로버 씨앗을 뿌려두고 봄이 되면 20~30센티미터 정도 길이로 자랍니다. 이 클로버 속에 볍씨를 흩어뿌리는 방법으로 뿌리고 물을 대면 클로버가 죽으면서 그 속에서 볍씨가 싹을 틔웁니다. 이처럼 간단한 벼농사는 아마 없을 것입니다.

짚을 이용하는 농법

짚 흩어뿌리기! 이 작업을 보고 여러분은 왜 그렇게 쓸데없는 짓을 하느냐고 생각하실 수도 있습니다. 그러나 이 짚 흩어뿌리기 작업은 저의 벼·보리농사의 모든 것과 관련되는 기본의 하나인 것입니다. 이 생짚 뿌리기는 지력 유지, 발아 촉진, 잡초 억제, 참새 방지, 보수(保水)효과 등 벼농사의 모든 분야와 관련되어 있습니다. 뿐만 아니라 이론적으로나 실제적으로도 이 짚 뿌리기는 대단히 중요합니다. 그런데 이것을 대부분의 사람들이 좀처럼 이해하지 못합니다.

짚은 기장째 흩어뿌린다

파종기로 17센티미터 정도 간격으로 정확히 씨앗을 뿌리고, 짚 흩어뿌리기 작업을 제대로 해주기만 한다면 600킬로그램까지는 보장할 수 있다는 이야기를 저는 해왔습니다. 그러나 그러한 일이 실제로는 이루어지지 않고 있습니다. 그런데 사람들이 왜 실행할 수 없었느냐 하면 파종기가 나쁘다는 문제가 있었고, 짚을 흩어뿌릴 때, 자르지 않고 있는 그대로, 기장째 뿌려야 한다는 사실을 좀처럼 납득하기가 어려웠기 때문입니다.

저는 20년 전부터 짚을 뿌리자고 말해왔는데, 그대로 따르는 사람이 좀처럼 나타나지 않더군요. 시험장 같은 곳에서도 마찬가지입니다. 제가 짚을 기장째로 덮자고 해도 좀처럼 그렇게 하지 않습니다. 우선 짚을 절단기로 잘게 잘라서 덮는 시험을 해봅니다. 2~3년 그렇게 해보고 길고 짧은 것은 별로 상관이 없을 것 같은 생각이 들면 이번에는 3번 정도 절단하여 덮어봅니다. 이렇게 해서 짚을 긴 채로 그냥 덮기까지는 자그마치 10년이 걸리게 됩니다.

한번은 이런 일도 있었어요. 짚을 덮는 방법이 잘못된 경우였습니다. 짚을 가지런히 늘어놓아 실패한 경우인데, 그렇게 하면 짚에 가려 발아율이 떨어집니다. 가지런히 늘어놓는 것보다 마구 흩어뿌리는 것이 좋습니다. 그리고 벼에는 반드시 보릿짚이 아니면 발아가 잘 안됩니다. 다량의 볏짚을 사용해보면, 볏짚 사이에서는 싹이 잘 트지 않더군요. 또한 병충해에도 걸리기 쉽습니다. 보리의 경우는 볏짚이 대단히 좋고, 벼에는 보릿짚이 아니면 안됩니다. 짚은 기장 그대로 훌훌 뿌립니다. 그 땅에서 나오는 짚 전량을 몽땅 원래의 그 자리로 되돌려줍니다.

이것은 입으로 말하기는 쉬워도 실행하는 단계가 되면 용기가 있어야 합니다. 씨앗을 제대로 뿌리고 짚을 흩어뿌려주는 작업만을 이야기하더라도 저는 여기서 하루가 걸리리라고 생각합니다. 그 사실을 진실로 납득해주시기까지에는.

짚은 지력을 북돋우고 땅을 기름지게 만든다

그리고 이 짚 흩어뿌리기는 지력을 유지시킬 뿐만 아니라 비료가 필요없을 만큼 땅을 기름지게 하는 역할을 하게 되는데, 짚이 그 근원이 됩니다. 그리고 이 일은 '땅 갈지 않기'와도 관련이 있습니다.

논을 갈지 않은 지 이미 20년이나 30년 — 아마 일본에서 가장 일찍부터 가장 오랫동안 한번도 논을 갈지 않기로는 저희 논이 최고일 것입니다. 5단보 모두 한번도 갈지 않았습니다. 30년간 갈지 않았는데, 그동안 흙이 어떻게 바뀌었을까 하면 경운기로 간 땅보다 훨씬 부식질이 풍부한 검은흙이 되었습니다. 지력도 조금도 쇠약해지지 않으며 점점 힘이 강해지고 있습니다. 그 까닭은 그 땅에서 재배된 것은 열매만 빼고 모두 그 자리로 되돌려줬기 때문입니다. 볏짚과 보릿짚 전량, 왕겨까지 전부 논으로 환원시킵니다. 쌀알과 보리알만을 사람이 취할 뿐입니다. 그 밖의 것은 모두 되돌려줍니다. 그 땅에서 나온 것은 모두 그 땅에 되돌려주는 것입니다. 이러한 일을 계속했기 때문에 비옥한 부식토가 될 수 있었던 것입니다.

짚 흩어뿌리기는 발아율을 높인다

발아에 있어서도 마찬가지입니다. 보통 씨앗을 뿌린 뒤에는 흙을 덮어주는 것이 원칙이 돼있습니다. 그러나 이 작은 씨앗에 1센티미터 이상이나 되는 흙을 덮으면 아무래도 발아가 나빠집니다. 못자리에서도 땅거죽 가까이 있는 씨앗이 발아율이 좋지요. 갈지 않고 바로 뿌리기에서도 역시 표면에 뿌리는 쪽이 발아가 좋습니다. 그러나 거죽에 뿌린 것은 아무래도 비바람에 쓰러지기 쉽기 때문에 다수확은 어렵습니다. 다수확을 목표로 한다면 2~3센티미터 깊이로 해야 하는데, 그렇게 했을 경우 비가 내리면 반드시 발아 장해를 받게 됩니다. 또는 점토질 토양일 경우에도 발아가 나빠집니다.

하치로가타(八郞潟) 주변 간척지나 오카야마현 코죠(興除) 마을 같은 지역에서 바로뿌리기를 하고 흙을 덮으면 반은 실패합니다. 어떤 해에는 잘된다고 하더라도, 5년에 한해나 두해쯤은 반드시 큰 실패를 보는 일이 있습니다. 가본 적은 없지만 하치로가타 같은 간척지에서 바로뿌리기를 할 때, 대형기계로 씨앗을 땅 속에

꼭꼭 쑤셔넣는 방법을 쓰면 필시 발아율이 떨어질 것입니다. 공기 소통이 잘 안되기 때문입니다. 공기가 잘 통하는 자리가 발아율 또한 높습니다.

그러나 그런가 해서 씨앗을 뿌리고 흙을 얇게 덮으면 이번엔 도복(倒伏) 현상이 생깁니다. 깊이 파종하면, 이번에는 씨앗이 썩습니다. 이런 일로 여러번 실패를 거듭한 끝에 결국 씨앗을 깊이 뿌리고 흙을 덮지 않는 방법을 취하게 됐습니다. 구멍을 작게 내거나 파종기를 사용하여 삼각 고랑을 내고 그 속에 씨앗을 뿌린 뒤 흙을 덮는 대신 짚을 흩어뿌려주는 방법을 썼습니다. 그것이 요즘에는 파종기를 쓰지 않고 그냥 점토단자를 듬성듬성 뿌리는 방식으로 바뀌게 되었습니다. 이렇게 짚 흩어뿌리기는 지력을 북돋우는 한편 발아율을 높이는 것입니다.

짚 흩어뿌리기는 잡초 및 참새 대책으로도 유용하다

짚 덮기는 잡초 대책에도 도움이 됩니다. 이상적으로 말하자면 10아르당 보릿짚이 400킬로그램 이상 나오는데, 그 짚을 전량 논으로 되돌려주면 논 전면을 뒤덮으며 논바닥을 80퍼센트 정도 차폐할 수 있습니다. 이 작업을 통해 갈지 않고 바로 뿌리기를 할 때 가장 성가신 벼과 잡초 바랭이 등이 발아하지 못하게 됩니다. 이처럼 볏짚, 보릿짚 전량 환원은 잡초 대책에 큰 역할을 합니다.

앞에서 말씀드린 것처럼 짚은 발아 대책, 지력유지 대책 그리고 이 잡초 대책말고도 참새 피해를 줄이는 역할도 합니다. 참새라는 놈에게 참 많이도 시달렸습니다. 부부싸움으로까지 이어져서 아직까지도 사이가 풀어지지 않을 만큼 아내와 자식들로부터 원망의 소리를 많이 들었습니다. 참새 대책이 서있지 않는 바로 뿌리기는 이루어질 수 없습니다. 여러분이라면 직접 경험하였을 것이므로 잘 알고 계실 겁니다. 1~2년은 보급이 될지 모릅니다만, 그 이상은 계속되지 않을 것입니다. 왜냐하면 참새 피해를 막지 못하면 발아가 고르지 않기 때문입니다. 농부는 이 점 때문에 바로 뿌리기를 그만둬버립니다.

새 피해는 직파재배의 보급이 늦어지는 가장 큰 원인 가운데 하나이기도 합니다. 대책으로는 망을 친다든가 농약을 사용한다든가 하는 여러가지 방법이 있지만 현재로서는 실용적 가치가 있는 것이 마땅히 없습니다. 결국 보릿짚을 덮는 제 방법이 제일 좋다고 생각하고 있습니다.

이와 같이, 짚을 흩어뿌린다는 이 한가지 사실에서만도 여러가지 까닭과 도리를 찾아볼 수 있는 것입니다. 하여간 결론적으로 말씀드릴 수 있는 것은, 다만 씨앗을 뿌리고 짚을 흩어뿌리는 것만으로도 좋다는 것입니다.

퇴비는 '만들' 필요가 없다

이제까지 농업기술 속에는 생산량을 늘리는 기술, 요컨대 증산기술은 하나도 없었다 — 이렇게 말하면 여러분은 깜짝 놀라시겠지요. 생산을 늘리는 기술은 없었고, 다만 줄어드는 것을 방지하는 기술밖에 없다고 저는 봅니다.

처음에는 퇴비증산이라는 것이 있었지요. 그 일로 농부는 고생을 많이 했습니다. 이렇게 말씀드리면 실례가 될지 모르지만 여러분도 그 일의 선봉에 서계셨습니다. 퇴비증산운동을 장려하며 농부에게 더운 날 무거운 똥지게를 지게 하고, 물과 석회질소를 뿌려가며 보릿짚을 쌓아올리게 한다거나 촉성 퇴비만들기 강습회를 연 적이 있으실 것입니다. 그리고 그것을 '증산'으로 가는 길이라고 힘주어 말씀하셨던 것입니다.

하지만 퇴비 따위는 만들 필요가 없습니다. 저는 퇴비가 필요없다고는 말하지 않지만, 애써 퇴비를 만들어본 일은 전혀 없습니다. 봄에 뿌린 보릿짚은 가을까지, 가을에 뿌린 볏짚은 봄까지 땅위에서 완전히 퇴비가 되어버리기 때문입니다. 그냥 두어도 좋은 것을 퇴비로 만들면 효과가 있다고 생각했던 것입니다. 그 통에 농부들은 땀을 흘려가며 짚을 잘게 썰어야 했고, 물을 부어가며 재워서 400킬로그램의 짚을 800킬로그램의 무게로 만들어 들고 다니며 쌓아올리거나 논으로 운반을 해야 했습니다.

짚은 논에 흩어뿌려 두기만 하면 그것으로 좋았던 것인데, 그렇게 하지 않았던 것이지요. 현재의 농업기술자들은 아직도 몇백킬로그램까지만 논에 짚을 뿌리라고 말하고 있습니다. 어째서 그들은 짚 전량을 논에 넣으라고 하지 않는 것일까요? 그것을 농업기술센터 같은 곳에서 연구해주면 좋겠는데 무슨 이유에서인지 그렇게 하지 않습니다. 옛날에는 10아르에 1,000킬로그램 정도의 퇴비를 주라고 했는데, 그것을 역산하여 300~500킬로그램의 짚을 넣어주면 좋고 그 이상 넣으면 이상환원(異常還元)이 벌어지기 때문에 소용이 없다고 합니다. 600킬로그램이 한도로 그 이상, 전량을 넣으면 좋지 않다는 것입니다. 그래서 기차의 창에서 볼 수 있는 것처럼 농부들은 짚을 많이 버리고 있습니다. 절반 정도만을 잘게 썰어서 논에 넣어주다가 그것마저도 비가 오면 그만두고 내버려둡니다. 짚을 뿌리는 곳도 있고 그렇지 않은 곳도 있습니다. 그 짚도 긴 것, 짧은 것 여러가지입니다. 도카이도(東海道 : 도쿄에서 교토에 이르는 에도시대에 건설된 도로, 간토(關東)지방과 간사이(關西)지방을 잇는 주요도로 - 옮긴이) 어디에서나 볼 수 있는 풍경입니다. 그것이 조금씩 변해서 올해에 이르러서는 길이 그대로 흩어뿌리는 쪽이 대단히 많이 늘어나고 있습니다. 농업기술 연구자인 여러분들이 짚을 논에 되돌려주라고 열심히 권해주시면 그 운동만으로도 대단한 양의 퇴비를 논에 넣는 셈이 됩니다.

유기농업을 하시는 분들은 여러가지로 공부를 하며 퇴비를 만들어야 한다고 말씀하십니다. 퇴비는 좋지만 저는 이전의 퇴비만들기운동은 반대하는데, 그 이유는 농부들이 고생을 하기 때문입니다. 그보다는 비료를 주는 것과 똑같은 효과를 내는 짚 되돌려주기나 톱밥 뿌리기 등을 권하고 싶습니다.

이상적인 벼농사

벼가 아니라 쌀을 만든다

저는 아무것도 하지 않는 농사를 목표로 꼭 필요한 일말고는 되도록 작업을 생략하는 쪽으로 연구를 계속해왔습니다. 관리 면에서도 할 일을 최대한 줄여왔습니다.

물 관리도 벼농사의 절반 동안은 거의 하지 않습니다. 전반기에는 밭 상태로 둡니다. 6~7월은 그냥 놔두는 것입니다. 그러다가 8월이 되면 조금씩 물을 댑니다. 8월 초순경이면 이웃 논의 벼는 이만큼 크게 자라지만, 저희 것은 아직 요만큼 작은 채로 있는 일도 있습니다. 그래서 7월 말경에 여기에 오셨던 분들은 "이래서야 거둬들일 게 뭐가 있겠어요?"라고 걱정하시기도 합니다. 농업시험장 소장님 또한 1960년경에 와서 "후쿠오카 씨, 이게 벼가 될까요?"라고 걱정을 하시더군요. 그때 저는 "벼는 되지 않지만 쌀은 되니 안심해주십시오"라고 말씀드렸습니다.

7월 말경에는 벼의 기장이 매우 짧아 보통 것의 반만합니다. 그러나 그때는 이미 포기수가 1제곱미터당 300포기 이상 늘어나 있습니다. 씨앗을 조금 많이 뿌려두기 때문에 300포기 정도는 쉽습니다. 처음부터 그것을 염두에 두고 분얼, 곧 가지치기에 의존하지 않도록 합니다. 제 벼농사 방법은 벼를 키우자, 살지우자, 큰 이삭을 맺도록 하자가 아닙니다. 되도록 압축합니다. 작은 벼로 억제하며 살지우지 않습니다. 그런데 이 농사법으로 다수확이 되었던 것입니다.

물 관리도 이 점에 주력하여 연구했습니다. 가장 손쉬운 방법은 물을 대지 않음으로써 벼의 생육을 억제하는 것입니다. 현재 단수(斷水)재배라는 것이 시험되고 있는 것 같습니다만, 제 농법은 이 단수재배를 더욱 철저하게 발전시킨 방법이 돼가고 있습니다. 그렇게 하면 벼의 기장이 50~60센티미터 정도밖에 안됩니다. 이 방법이다라는 생각 아래, 보통 품종으로 400~500줄기를 세웠는데도 햇볕을 받아들이는 정도가 줄어들지 않았습니다. 햇볕이 아래까지 어느 정도 들어오더군요. 이렇게 키가 작은 데도 불구하고 한 이삭에 100알(신품종은 200알) 정도의 나락이 열렸습니다. 계산해보시면 아시겠지만, 10섬 이상의 수량이 됩니다.

좌우간 벼든 보리든 결국 포기수를 많이 세워두고 그것이 살지도록 그냥 내버려두지만 않는다면 별 탈 없이 열매를 많이 맺게 됩니다. 한알의 쌀을 만드는 데는 1제곱센티미터의 잎만 있으면 족합니다. 작은 잎이 3~4장 정도 있으면 100알 정도의 열매를 충분히 만들 수 있습니다. 그런데 보통 1미터쯤 되는 큰 벼를 만들기 때문에 탄소동화 능력이 대단히 좋아 보이지만 오히려 효율이 낮고 짚에만 살이 올라있을 뿐입니다. 전분 생산량은 많지만 벼가 자신의 몸을 유지하는 데 쓰는 자가소비량이 많기 때문에 결국 남는 저장 전분의 양은 얼마 안됩니다. 그러므로 제 주변 논의 경우에는 1,000킬로그램의 섶을 길러 봐야 고작 500~600킬로그램 정도밖에 나락이 나오지 않습니다. 그런데 저처럼 작은 벼를 만들어 보면 섶 1,000킬로그램에 나락 1,000킬로그램이 나옵니다. 적어도 섶과 열매가 동일한 중량이거나 그 이상이 되지 않으면 안됩니다.

이상형의 벼란

이상형의 벼는 어떠한 모양을 하고 있을까요? 제가 여기까지 여러가지 기술을 이러니저러니 말씀드려온 것은, 결국 이상형의 벼란 무엇인가에 대해 말씀드리고 싶었기 때문입니다. 어떠한 것이 이상형일까요? 벼농사는 벼의 이상형을 파악하는 길이 가장 빠른 길입니다. 자질구레한 기술이란 쓸데없는 것입니다. 이상형의 벼란 어떠한 것인가 하는 문제를 저는 《현대농법》이라는 잡지에 1965년경 발표한 적이 있습니다만, 이상형이란 이런 것이라고 한 번 보고 알 수 있도록 사진을 찍는 데만도 10년이 걸렸습니다. 벼의 이상형을 정확히 파악하기만 하면 목표는 결정됩니다.

이 실물의 벼를 손에 들고 "벼는 이러한 모습으로 만드시오"라고 하면 그걸 보고 농부는 곧 압니다 — 이런 것이 벼의 진짜 모습이었구나, 이상형이었구나, 이러한 모양이라면 물은 별로 주지 않았겠군, 비료를 준 벼도 아니고…. 이렇게 농부라면 어느 때에 어떤 일을 했는지 벼 한포기를 보고 누구라도 알 수 있습니다. 여러분도 당연히 아실 수 있습니다. 이상형을 파악하는 것이 제일 중요하고, 그것이 결론이므로 처음부터 알고 있기만 하면 됩니다. 이상형의 벼 모양을 알고 각자의 땅에서 어떻게 길러낼 것인가에 목표를 두면 그것으로 족합니다. 농업기술자들은 그 밖의 일들에 관해서 실험한다거나 연구한다거나 하는데, 그럴 필요가 없었습니다.

또한 벼는 "위로부터 네번째 잎이 가장 긴 것이 좋다"는, 벼농사의 권위자인 마츠시마(松島) 선생님의 말씀에 대해서 저는 "세번째 잎사귀도 좋고 두번째 잎이 가장 긴 것도 좋다. 왜냐하면, 싹이 나는 시기에는 억제하여 기르다가 뒤에 뒷거름을 주어 후반을 도와주면 마지막 잎이나 제2엽이 가장 길어지게 되는데, 그쪽이 다수확이 되는 일도 있다"고 말씀드렸습니다. 제가 이삭 하나에 130~145개의 나락이 열린 실물의 벼 포기를 보여드리자 마츠시마 선생님도 실물에는 역시 이길 수 없다며 웃으시더군요.

제가 여기서 말씀드리고 싶은 것은, 과학적 진리나 이론은 실험조건에 따라 변한다는 것입니다. 마츠시마 선생님의 이론은 물못자리로 키운 기운이 연약한 벼를 모내기 한 경우이고, 저는 바로 뿌리기에다 물을 대지 않는 방법이었기 때문에 결론이 다르게 나온 것이지요.

제가 벼의 길이는 60센티미터 가량이면 좋다고 했더라도 그것은 60센티미터가 아니면 안된다는 뜻이 아닙니다. 살이 오르고 길이가 긴 품종으로도 다수확을 올릴 수 있습니다. 빽빽하게 심기는 물론 듬성듬성 심기로도 다수확이 가능합니다. 요는 이상적인 벼농사란 일찍부터 살지울 것이 아니라, 될 수 있는 한 억제하여 압축된 벼를 만들고자 항상 주의하면 좋다는 것입니다. 겨울이 오기 전에 볍씨를 뿌려두고 느긋한 마음으로 긴 나날에 걸쳐서 비료도 주지 않고 물도 대지 않으며 조금씩 성장해가는 것을 기다리며 지켜보는 것이지요.

최근에 새로운 품종을 써서 겨울이 오기 전에 15~30센티미터 간격으로 한알 뿌리기를 해보았습니다. 한그루 평균 12~25개 가지에, 이삭 하나마다 평균 250알 열렸습니다. 이것을 계산해보면, 10아르 1톤 이상이라는 경이적인 숫자가 됩니다. 이 숫자는 논이 받는 태양에너지로부터 산출되는 이론상의 최고치(10아르 25섬·1,500킬로그램)에 육박하는 숫자입니다.

이렇게 논을 갈지 않고, 보리 씨와 볍씨를 동시에 혼파하고, 화

이상형의 벼

수중형(穗重型) 품종 250알
벼 길이 70~80cm

이상형의 벼

중간형 200알
벼 길이 80~90cm

보통형의 벼

수수형(穗數型) 품종 100알
벼 길이 90~120cm

학비료나 농약을 쓰지 않는 자연농법으로 한알 뿌리기의 자연형 벼 기르기를 행하면 과학농법이 미치지 못하는 다수확을 얻을 수 있다는 것을 확신할 수 있었던 것입니다.

넓은 면적에서도 자연농법으로 벼나 보리 모두 8~10섬 수확이 현실적으로 가능합니다. 그러나 농업기술자의 눈에는 이것이 우발적이고 일시적인 결과로 비쳐질지도 모릅니다. 계속해서 같은 방식으로 농사를 지으면 어떻게 될까, 역시 논을 버리게 되는 것은 아닐까, 어딘가에서 결점이 나오게 되는 것은 아닐까, 이렇게 의심을 할 수도 있습니다.

그러나 자연농법은 언제 어디서나 과학의 비판에 견딜 수 있는 이론을 가지고 있습니다. 그뿐만 아니라 자연농법은 과학을 근본적으로 비판하고 지도할 수 있는 철학을 가지고 있기 때문에 과학농업에 언제나 선행한다고 단언할 수 있습니다. 그 이치에 관해서는 《무(無)》라는 책에서 다루기로 하고 여기선 그만두지요. 요즈음은 외국의 여러 나라 사람들이 저의 '무(無)의 철학'과 자연농법을 그대로 받아들여 한발 앞서서 실천하고 있습니다.

귤농사의 실제

무전정, 무농약, 무비료

저는 밀감류를 주로 과수재배도 하고 있습니다. 전쟁 직후 귤밭 70아르와 논 15아르로 출발했는데, 지금은 과수원이 5헥타르가 되었어요. 규모를 확대하려는 생각은 별로 없었지만 거의 일손이 들지 않는 개원 방식을 취했고, 또 주위의 버려진 땅을 떠맡게 되어 넓은 면적이 되었습니다.

　새로운 과수원 개원은 이렇게 하였습니다. 잡목이나 소나무를 벌채한 자리는 개간하지 않고 그대로 묘목을 심을 수 있는 구덩이만을 파고 등고선을 따라 어린 귤나무를 심었습니다. 몇년 동안은 자른 잡목의 그루터기에서 새 가지가 나와서 어린 귤나무가 전혀 보이지 않을 정도여서, 그때는 어린 귤나무 주위의 풀과 나무만을 베어주는 방법을 썼습니다. 그러자 잡목이 줄고 참억새, 띠, 고사리 등이 무성해지더군요. 그때부터 클로버 씨 등을 뿌리며 풋거름풀 두고 기르기에 힘썼습니다.

　귤이 열리기 시작한 육칠년 뒤부터는 귤나무 뒤의 흙을 깎아서 계단을 만들었습니다. 지금은 보통 과수원과 조금도 다를 바 없는 상태입니다. 물론 일년 내내 땅을 가는 일도 없고 화학비료를 쓰는 일도 없습니다. 또한 가지치기도 하지 않고 농약도 쓰지 않는 것을 원칙으로 해왔습니다.

　흥미로웠던 일은 초기에 어린 귤나무가 잡목 속에서 자라고 있을 때에는, 화살촉개각충 같은 해충이 붙지 않더니 과수원이 정돈됨에 따라 그런 해충들이 생기게 되었다는 점입니다. 그것은 나무가 크게 자라고 또 방임으로 가지에 혼란이 일어난 것이 원인이었다는 것을 깨닫고 자연형에 가깝도록 가지를 다듬는 일에만은 주의를 하고 있습니다.

　농대 출신 제 자식은 새로 만든 과수원을 제게서 물려 맡으면서 한때 화학비료나 농약을 사용했습니다. 그러나 차차 닭똥과 마구간 거름을 주로 한 비료를 주고, 농약도 머신유(machine油)나 유황합제(硫黃合劑) 정도의 무공해 약품을 살포하는 데 그치게 되었습니다.

천적을 죽여서는 안된다

 귤의 경우에도 병충해 방제를 하지 않는데 어떻게 해서 벌레가 생기지 않는지 의문이 드시리라 생각합니다. 루비납충(ruby蠟蟲)이나 각납충(角蠟蟲) 같은 벌레는 지금은 천적이 생겨서 농약을 쓰지 않아도 좋다는 것을 여러분도 알고 계실 겁니다. 그러나 한때 농약으로 인하여 도리어 루비납충이나 각납충 따위가 크게 발생하여 매우 고생했던 경험은 어느 현에서나 마찬가지였습니다. 이 경험을 통해 우리는 천적을 죽이면 오히려 해충이 많아져서 좋지 않다는 사실을 알게 되었습니다.

 그러면 약제를 전연 사용하지 않으면 어떻게 될까요? 진드기 정도는 발생하리라고 생각하시는 분이 많으시겠죠. 진드기나 개각충 따위라면 역시 옛날부터 권위를 인정받아온 유황합제나 머신유 정도로 충분하다고 저는 봅니다. 그러나 천적이 있었기 때문인지, 사실상 해충은 거의 발생하지 않았습니다. 행여 발생하더라도 한여름에 1회 정도 200~400배 이상의 묽은 머신유를 뿌리면 그것으로 그만입니다. 그러나 그 전(6, 7월)에 단 한번이라도 유기인제 등을 사용하면 이미 끝입니다. 천적이 죽어버리기 때문에 2회, 3회 자꾸 뿌리지 않으면 망가집니다. 꾹 참고 일년간 그냥 두면 다음해부터는 문제가 없습니다. 유황합제나 머신유 정도의 약은 소비자들이 지금처럼 외관이 좋은 과일을 바라는 한 그만두기 어려운 일입니다. 그러나 그 이상의 농약은 치지 않아도 괜찮습니다.

 저는 사람들이 옛날의 농약으로 돌아가기를 권합니다. 공해문제를 해결하기 위해서도 아주 최소한의 농약만 사용해야 합니다. 물론 소비자가 겉모양에 지나치게 집착하지 않는다면 완전 무농약으로도 가능합니다. 아울러 과수를 자연형으로 만드는 일 그리고 환경이나 극미한 기상 변화에도 주의해야 함은 물론입니다. 상록 과수와 낙엽 과수를 혼식하고 밑풀로 풋거름풀을 두거나 채소를 야초화(野草化)해서 재배하면, 해충의 실제 피해는 천적에 의해 사라지게 됩니다.

천적 보호 측면에서 매우 흥미로운 일이 있습니다. 저는 토양개량을 위해 과수원 안에 모리시마 아카시아를 심었습니다. 그런데 아카시아는 일년 내내 쉼 없이 자라며 새싹을 냅니다. 이 나무에 진딧물이 끼자 이것을 잡아먹는 익충인 무당벌레가 번식해요. 무당벌레는 진디를 다 먹어치운 뒤 귤나무로 옮겨가 화살촉개각충이나 이세리아개각충을 잡아먹더군요. 또 꽃가루를 먹는 익충 진드기가 생겨 해충 진드기를 잡아먹어주었습니다. 이런 까닭으로 아카시아 근처의 귤나무에는 약을 쓰지 않아도 괜찮았습니다. 이런 이유로 아카시아는 천적을 보호하는 나무라고 할 수 있습니다.

10년쯤 전의 일입니다. 유기농업의 본고장인 프랑스에서 어떤 분이 오셔서 이 나무를 보고 이것이야말로 '마더 트리(mother tree)'라며 감격해한 일이 있었습니다. 이 모리시마 아카시아는 나무껍질에서 탄닌이 나오고, 목재는 견고하고, 꽃은 벌의 밀원이 되고, 잎은 사료가 되고, 뿌리에는 근류균이 있어서 비료 나무가 되고, 또 방풍과 방충림이 됩니다. 한국 농수산부의 한 고관은 "이 나무로 한국의 민둥산을 모두 푸르게 가꾸겠다"고 하셨습니다. 그렇다면 이 나무는 '나라를 살리는 나무'가 되는 셈이지요.

수형(樹形)은 자연형이 가장 좋다

무전정(無剪定)·무비료·무농약은 나무 모양을 자연형으로 했을 경우에만 가능한 일입니다. 자연형이 아니면 불가능합니다. 과수원의 경우에는 일년생 풀과 다릅니다. 풀은 그해 약제를 살포하고 다음해부터는 그냥 두더라도 어떻게든 병충해 발생은 막을 수 있지만 다년생인 과수는 그렇지 않습니다. 과일나무는 나무 모양이 자연형이 아니면 안됩니다. 밀감의 자연형을 저는 '외줄기 주간형(主幹型)'이라고 보고 있습니다.

저는 처음에 아버지로부터 물려받은 400그루 귤나무 전부를 가지고 실험하다가 크게 망가뜨린 일이 있습니다. 자연형이란 무엇인가를 알기 위해 방임상태로 두고 아무 일도 하지 않았더니 결국 말라 죽어요. 400그루나 되는 귤나무를 거의 다 고사시켜버렸습니다.

저는 나무를 자연에 방임해두고 연구해보았습니다. 그 결과 자연형이란 주간형이 아니겠느냐는 데 생각이 미치게 되었습니다. 이 주간형은 삼나무처럼 뿌리부터 외줄기로 되어있는 것입니다. 모든 귤이 이렇게 되냐 하면 반드시 그렇지는 않습니다. 팔삭(八朔)이나 분땅 같은 종류는 키가 대단히 높이 자랍니다. 온주(溫州)는 키가 낮고 폭이 넓어집니다. 조생 온주 등은 더욱 작아집니다. 가지는 서로 번갈아 납니다. 자연에 맡겨두는 것이 제일 좋습니다. 해걸이도 하지 않습니다. 가지치기를 하지 않기 위해서는 자연형이 제일 좋고 병충해 발생도 적습니다. 그런데 어린 나뭇가지를 조금 자르기만 해도 자연형은 망가집니다. 처음부터 고스란히 자라야만 합니다. 이제까지 과수원예 책에 쓰여있던 반원형(半圓

形)은 자연형이 아니고 방임형입니다. 사람이 앞에서 무엇인가 잘못하고 그 뒤에 방임을 한 것이라 말할 수 있습니다. 자연이란 것은 타고난 그대로, 벌거숭이 그대로의 것인데, 그것이 몽땅 그대로 건전하게 자란 경우에만 자연형이 됩니다.

저는 여기서 '자연농법'이란 말을 하고 있습니다. 그러나 '자연'이란 무엇이냐에 대해 말할 수 있느냐 하면 그렇지 않습니다. 다만 과수의 나무 모양에 대해서 한마디 할 수 있을 뿐입니다. 저는 여러분에게 아무것도 말씀드릴 것이 없습니다. 벼의 모양은 이것이 자연형이고, 귤나무는 이것이 자연형이라고 말씀드릴 수 있을 뿐입니다. 그림을 한장 그리면 끝나는 것입니다.

오늘날의 농업기술은 결국 이 방임과 자연의 혼동에서 출발한 것입니다. "소나무의 경우 곧은 것이 자연인가, 굽어있는 것이 자연인가?"라고 물으면, 아마 거의 모든 사람이 바로 답을 못할 것입니다. "곧은 쪽이 아닐까? 아니야, 양쪽 모두 자연형이다." 이렇게 이리저리 답을 찾아보지만, 이미 아닙니다.

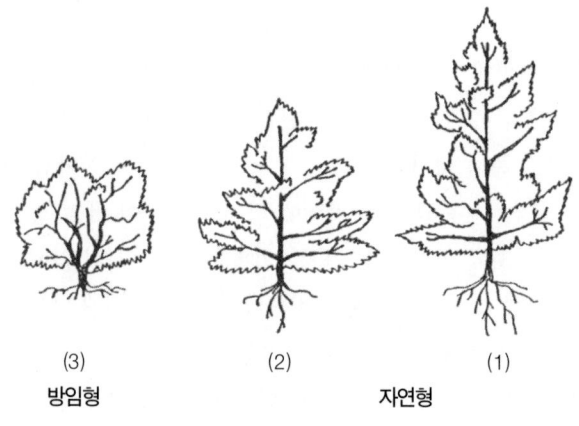

(3)　　　　　(2)　　　　　(1)
방임형　　　　　　　　**자연형**

"어느 쪽도 자연형이 아니다"라고 하면 선문답이 됩니다만, 그 의미를 이해하기 전까지는 진짜 자연형을 파악했다고 할 수 없습니다.

과수원의 토양 관리

물론 과일나무 만들기의 기본은 땅 만들기에 있습니다. 비료로 나무를 살지운다 해도 해마다 땅이 척박해진다면 과수의 일대를 놓고 볼 때 수지는 플러스 마이너스 제로로 노력은 헛수고가 됩니다. 8년 정도 말끔하게 김매기를 하는 청경농법이나 안이한 과학농법을 행한 과수원은 이미 치명적인 타격을 받고 있다고 보아도 좋다고 저는 봅니다.

이제부터는 제가 어떻게 오래된 과수원을 새롭게 살렸는가를 말씀드리겠습니다.

전쟁이 끝난 뒤, 제가 사는 에히메현 농업시험장에서는 과수원을 깊이 갈거나 구덩이를 파고 거름을 넣는 시비법을 과수농가에 강력하게 권장했습니다. 구덩이 파고 넣기는 저도 실천해보았습니다. 처음에는 짚을 넣는다거나 산에서 풀을 베어다 넣는다거나 했습니다. 풀이 제일 쉽겠다고 생각했는데 가장 힘이 들었어요. 그렇게 2~3년 해서 어느 정도 검은흙이 되었느냐 하면, 양손으로 움켜쥘 수 있을 만큼도 되지 않았습니다. 또 구덩이를 파고 거름을 넣고 묻은 자리는 나중에 움푹 꺼져 아낙네들에게 위험합니다. 그래서 다음에는 나무를 넣었습니다. 잡목을 자꾸 집어넣었습니다. 계산해보니 비료를 넣는 만큼이면 잡목을 넣는 쪽이 이득입니다. 짚을 넣는 쪽이 손쉽지만 그것보다 나무를 넣는 쪽이 값이 싸게 먹힙니다. 흙이 될 수 있는 양으로 보더라도 그렇구요. 나무의 경우도, 주위에 베어서 쓸 수 있는 나무가 있는 집이라면 좋겠지만 주변에 나무가 없는 집은 곤란합니다. 밖에서 가져오는 것보다 그 자리에서 얻을 수 있는 것이 좋습니다.

저는 모리시마 아카시아를 귤밭에 심었습니다. 여러가지 나무를 심어보고 최후에 남은 것이 모리시마 아카시아입니다. 추운 곳에서는 후사 아카시아가 좋을 겁니다. 후사 아카시아나 모리시마 아카시아는 4년이면 천장 정도 높이가 됩니다. 8년이면 대개 전신주 정도가 됩니다. 일본에 있는 외국산 나무로 이것만큼 성장율이 높은 나무는 아마 없을 것입니다. 7년이 지나면 쉽게 벨 수 없는데 이때부터는 밑동의 껍질을 벗겨 말라 죽게 하지요. 이러한 아카시아나무가 저의 귤밭에는 쭉쭉 서있습니다. 1단보에 5~6그루에서 10그루 정도 심어두면 이것으로 심층 토지 개량을 할 수 있습니다.

처음에는 클로버 기르기를 해보았습니다. 클로버 기르기를 했더니 지표 30~40센티미터 정도는 검은흙으로 만들 수 있었지만 그 이상은 아무리 해도 안됐습니다. 구덩이를 파고 무엇이 되었든 이것저것 넣어봤는데 헛수고였습니다. 쓸데없는 일이었습니다.

이런 일조차 하지 않고 편안히 누워서 지내는 방법은 없을까 하고 궁리한 끝에 나무를 심는 방법을 생각해냈습니다. 수목이 제일 좋기는 좋지만 베어서 쓰러뜨리는 일이 성가셨습니다. 더 편한 방법은 없을까 궁리했습니다. 그렇게 해서 찾아낸 것이 자주개자리였습니다. 자주개자리는 한두달 만에도 '뿌리'를 깊게 내립니다. 자주개자리 뿌리는 1~2미터까지 들어가는데, 그것이 토양개량에

도움을 주는 것입니다. 이렇게 클로버와 자주개자리를 섞어 뿌리는 '풀 두고 가꾸기' 쪽이 과수원의 토양관리에는 제일 좋은 방법입니다. 누워서도 땅을 비옥하게 만드는 방법입니다. 겨우겨우 찾아낸 즐겁고 효율 높은 토양개량 방법입니다.

그런데 모리시마 아카시아에는 앞에서 말씀드린 바와 같이 방풍·방충효과가 있습니다. 역시 키가 큰 나무가 있고, 귤나무가 있고, 그 밑풀로 자주개자리나 클로버가 있는 것이 제일 좋습니다. 비료를 전혀 하지 않아도 좋고, 사이갈이나 제초의 필요성이 전혀 없습니다. 클로버를 한번 뿌려놓으면 7~8년은 다른 잡초가 거의 나지 않습니다. 클로버가 약해지고 다시 잡초가 돋아나기 시작하면 새로운 클로버 씨앗이나 또는 클로버 씨앗에 채소 씨앗을 섞어 뿌립니다.

결국 자연농법 과수원은 비료목인 아카시아가 쭉쭉 서있고, 과일나무 아래에는 풋거름풀이나 잡초가 자라고, 그 속에 야생 상태로 기르는 채소가 무성하며, 거기에 닭이 놀고 있는 매우 입체적인 농원이 되는 것입니다.

과학기술의 의미와 가치

기술은 왜 생겼는가

벼농사는 논을 갈지 않으면 안되고, 또한 깊이 갈면 갈수록 벼가 잘된다고 하는데, 이러한 기술은 왜 생기게 되었을까요? 그것은 한마디로, 갈지 않으면 안되는 상태로 논을 만들어버린 결과입니다. 보통 벼농사에서는 땅을 갈고 물을 더해 반죽합니다. 바람벽에 바르는 흙을 개는 것과 같아서 공기를 몰아내버리고 박테리아도 죽여버리게 됩니다. 이렇게 흙을 사멸상태로 만들어놓고 비료를 넣는 실험을 합니다. 그러면 비료를 주지 않는 쪽에 비해서 주는 쪽의 벼가 빨리 자랍니다. 그것을 보고 사람들은 비료를 넣는 쪽이 벼가 잘된다고 착각을 하는 것입니다.

자연상태의 흙이란 그냥 두어도 절로 비옥해지기 때문에 비료 따위는 넣지 않아도 좋습니다. 이 자연상태를 인간이 파괴하여 땅 힘을 없애버린 채 거기를 출발점으로 하기 때문에 비료가 효과가 있는 것처럼 보이는 것입니다. 다시 말해서 인간이 인위적으로 과일나무와 벼를 연약하게 만들어놓고, "농약을 썼더니 효과가 있었다"고 하는 데 지나지 않습니다.

내버려두는 것보다 인간이 손을 대는 쪽이 좋을 것처럼 보이지만, 그것은 자연의 힘이 부족하여 인간이 도울 수 있었던 것이 아닙니다. 방임상태로는 안된다는 것입니다. 이미 인간이 자연에 나쁜 영향을 미치고 있습니다. 품종을 개량하여 연약한 품종을 만든다거나, '맛있는 쌀 운동'이라며 힘없는 품종을 개발해냅니다. 이렇게 되면 농부가 여덟번, 열번 이상 농약을 치지 않으면 안되는 상황이 벌어집니다.

그러므로 시험성적이 나아진다고 하는 것은 모두 인간이 그전에 그런 조건을 갖춰놓고 실험을 하기 때문입니다. 요령 좋은 학자라든가 성과를 올리는 연구자들이란, 그러한 성적이 나오도록 시험 조건을 갖추는 데 익숙한 사람들입니다. 농약 쪽이나 비료 쪽이나 다 마찬가지입니다. 제초제만 하더라도, 풀이 돋아나도록 논밭 상태를 만들어놓고(제초제 사용 조건을 만들어놓고) 풀을 기르고, 제초제를 사용했더니 효과가 있었다고 하는 데 불과합니다. 처음부터 풀이 돋아나지 않도록 조치를 취해두면 제초제는 필요 없습니다.

제가 과수원의 클로버 기르기를 제창했을 즈음, 농림성에서 농업 축제 행사의 하나였던 '풀 두고 기르기 연구 모임'에 저를 불러주셨습니다. 일본에서 '풀 두고 기르기'가 조금씩 이야기되던 극히 초기의 일이었습니다. 그때 사회를 보셨던 분은 미국에서 공부하고 귀국한 지 얼마 안되는 분이었습니다. 그분은 미국 과수원에서는 풀 두고 기르기를 거의 하지 않는다며 처음부터 초생재배를 마뜩잖게 여기시더군요. 그래서 풀 종류까지는 논의할 수 없었지만, 그때도 저는 이렇게 말했습니다.

"풀 두고 기르기를 한다면, 저 풀도 좋고 이 풀도 좋다는 식은 안된다. 사물에는 각기 모두 일장일단이 있다. 그것들을 전부 충분히 비교해보고 결론이 나오면 클로버면 클로버, 거여목이면 거여목이라고 정하여 그 결론에 책임을 지고 농림성에서 아래로 내려보내는 것이라면 농부들이 따를지도 모른다. 풀 두고 가꾸기의 풀 종류는 역시 벼과가 좋지 않겠느냐라든가 유채과가 좋지 않겠느냐고 이렇게 불분명하게 이야기하면 농부는 아무도 따르지 않을 것이다"라고요.

농부들은 그렇게 하고 싶어도 실패가 두려워서 그렇게 할 수 없습니다. 처음부터 충분히 검토하지 않고 열이면 열가지 방법 전부를 농부에게 강요하는 것은 실패할 위험이 있다는 것을 뜻합니다. 혹 10년째는 성공할지 모르지만 9년간 실패를 해야 할지도 모릅니다. 이것이 미덥지 못하여 농부는 따를 수 없습니다.

사람들이 새로운 기술에 덤벼드는 이유는 그들이 종합된 완전한 기술에 도달해 있지 않기 때문입니다. 부분적인 기술밖에 모르기 때문입니다. 예를 들어서 풀 두고 기르기의 효과에 대해 비료 전문가가 테스트를 하면 그는 비료의 효과밖에 보지 못합니다. 병충해 전문가는 풀 두고 기르기용 풀들이 돋아나면 벌레가 늘어날 텐데, 하며 병이나 벌레를 없앨 궁리만 합니다. 이처럼 모두 뿔뿔이 나뉘어 있기 때문에 아무도 거짓말을 하고 있지 않은데도 이것들을 모아보면 결과적으로 거짓말이 돼버립니다.

시험방법이 문제다

제가 고치현 농업시험장에 있을 때도 그랬습니다. 전쟁 중이었기 때문에 무조건 다수확을 목표로 했습니다. 다수확을 위해서는 어떤 기술을 택하는 것이 좋으냐는 시험설계가 설정될 경우, 비료부는 비료부대로 비료를 최대로 사용하는 설계를, 병충해부는 병충해부대로 농약을 최대로 사용하는 계획을 세우게 됩니다. 그렇게 하면, 비료 쪽에서 20퍼센트 정도 수확이 늘어납니다. 병충해 방제에서 20퍼센트, 품종개량에서도 20퍼센트 정도 증수가 예상된다는 설계가 나옵니다. 모두 합하면 계산상 곱절 정도 증수가 됩니다. 그래서 20섬은 나오겠구나 하는 목표로 농사를 지어보면 실제는 10섬 정도밖에 수확이 안됩니다. 그렇다면 시험장 각부 사람들이 모두 거짓말을 한 것일까요? 그렇지 않지만, 그들이 올바르다고 하는 설계를 모은 결과는 거짓말이 되어버립니다.

어떤 이유에서일까요? 실험실이나 시험 밭 같은 작은 면적에서는 옳게 보이더라도 실제의 논에서는 다른 결과가 나옵니다. 이것은 시험방법이 잘못되었다고 할 수밖에 없습니다.

여기에 약제 살포를 하지 않아도 좋다는 한 농업시험장의 시험 성적이 있습니다만, 여러분은 어떻게 생각하십니까? 저는 이렇게 봅니다. 비료를 적게 주며 농약을 뿌리는 시험을 해보면 수량이 낮아지는데, 여기에 큰 허점이 있습니다. 비료의 양을 줄이면 병충해는 당연히 줄어듭니다. 그런데 이 연구자는 물 문제를 어떻게 생각하고 있느냐 하면, 전혀 고려하고 있지 않습니다. 비료와 농약 뿌리기 관계밖에 보고 있지 않습니다. 태양광선은 어느 정도이고, 기온은 어느 정도이며, 병충해와 그곳의 토지 조건은 어떻게 되어있는지, 혹은 토양은 어떤지 등등의 모든 조건을 고려한 시험이 시험장에는 하나도 없습니다.

농부는 한배미 한배미, 매년 새로운 마음으로 농사를 짓습니다. 왜냐하면 매년 논의 조건이 바뀌기 때문입니다. 정말 똑같은 조건이란 단 한번도 있을 수 없기 때문입니다. 자연에서는 모든 조건이 한순간도 멈춤이 없이 바뀝니다. 지난해의 조건은 올해에는 들어맞지 않습니다. 이런 이유로 부분적인 시험성적은 믿을 바가 못 되는 것입니다. 어떤 특정 부분의 성적만을 가지고 농약을 쓰지 않아도 좋다고 한다면 반드시 실패하는 곳이 나옵니다. 그렇게 되면 이렇게 변명합니다. "품종이 나빴던 것이 아닐까? 비료를 적게 했기 때문이 아닐까?" 핑계는 얼마든지 있을 수 있습니다. 도망갈 구멍이 있는 실험을 하고 있는 것입니다.

농업을 지배하는 요인은 무한하다

시험성적은 비료, 병충해, 경종(耕種), 품종도 이 모든 것을 고려

해서 시험한 것이 아니면 안됩니다. 그러나 이러한 시험을 할 수 있는가 하면 아직 그렇지 못합니다. 비료와 병충해와 경종이 모두 종합된 시험을 행하고 있는 것처럼 보이지만 사실은 그렇지 않습니다.

요즈음 벼 다수확에 관해서 대학의 많은 선생님들이 책을 쓰고 계십니다. 각기 귀중한 연구이지만, 그러나 그런 연구로 다수확을 할 수 있느냐 하면 그렇지 않습니다. 탄소동화작용 문제를 열심히 연구하고 계시는 어떤 선생님이 있습니다. 그 선생님은 학생들을 데리고 제 논에 자주 오셔서, 논에 내리쬐는 빛의 정도를 비롯한 일광 문제 등을 조사하고 있습니다. 그러나 제가 자주 하는 말이지만, "선생님, 이제 갈지 않고 바로뿌리기를 하시겠습니까?"라고 물으면, "아니오, 그것은 제 일이 아닙니다. 그것은 후쿠오카 씨에게 맡겨두겠습니다"라며, "저는 단지 탄소동화작용을 연구하는 사람입니다"라고 합니다.

그분은 정말 탄소동화작용을 연구해서 한권의 책을 썼고 박사가 되었습니다. 그런데 그 탄소동화작용의 이론이 직접 다수확에 연결되느냐 하면 그렇지 않습니다. 온도가 30도일 때는 동화작용이 어떻고, 윗잎사귀의 생산력이 어떻다고 하지만, 에히메현에서 올해 30도까지 올라가더라도 내년에는 24도밖에 안될지도 모릅니다. 그럼 모든 것이 틀어집니다. 탄소동화작용을 촉진시키면 전분 합성량이 많아지기 때문에 다수확이 된다고 하는 것인데 이것은 잘못된 견해입니다. 다른 조건이 변하면 오히려 온도가 낮은 쪽이 좋은 경우도 있기 때문입니다.

벼의 적온은 얼마인지, 30도인지 20도인지 15도인지, 그것은 정말 알 수 없습니다. 품종이 바뀌기만 해도 적온은 달라집니다. 어떤 사람이 어떤 새로운 품종을 만들면 거기에 따른 온도 관계가 나오지만, 한편 다른 사람이 다른 곳에서 다른 품종을 사용하면 그보다 더 낮은 온도에서라도 더 나은 합성능력이 나올지도 모릅니다. 당연한 것입니다. 그러므로 어느 한때 어느 한곳에서 행해진 시험성적은 전혀 보편성이 없습니다.

그해 벼 수확량을 예측하는 농림통계조사사무소라는 곳이 있는데, 이 사무소에서 전망하는 방법을 보면 올해는 가지치기 수가 얼마이기 때문에 벼가 잘될 것이라고 합니다. 그러나 예측이 그대로 적중되지 않습니다. 왜냐하면 가지치기가 잘 되었기 때문에 쌀이 많이 나올 수 있는 것도 아니고, 알곡 수가 많거나 작물의 키가 커서 나락이 많이 나오는 것도 아닙니다. 대개가 결실기인 가을날 날씨에 따라 결정됩니다. 제1회 조사 때의 벼 줄기나 잎은, 벼를 벨 때쯤에는 아랫잎이 되어 이미 마른 상태입니다. 그러므로 사무소의 조사는 유령 벼를 대상으로 조사하여 예상을 세운 셈이 되는 것입니다. 그렇다고 결실기만 잘되면 좋은 것이냐 하면 그렇지도 않습니다. 더 근본적인 조건들이 수량을 지배하는 것입니다. 그 요인은 실로 무한대입니다. 그 무한한 것 속에서 극히 일부분의 것만을 사람의 좁은 지식으로 짜 맞춰서 시험해보고, 거기서 성적이 나오면 그대로 발표합니다. 그러므로 시험장의 결과를 농부에게 가져와서 실지에 그대로 적용할 수 있다고 생각한다면 그것은 커다란 오산입니다.

하여간 저는 종래의 농업기술을 근원적으로 부정하는 자리에서 출발하고 있습니다. 말하자면, 과학기술을 완전히 부정하고 있다는 뜻입니다. 그런데 이 과학기술에 대한 부정이 어디서부터 온 것이냐 하면, 오늘날의 과학을 떠받치고 있는 서양철학의 부정에 기초를 두고 있습니다.

제3장

오염시대에 보내는 편지

이 길밖에 없다

식품공해 문제는 왜 해결되지 않는가

식품공해 문제가 세간에서 이야기되기 시작한 것은 10년 전쯤 됩니다. 언젠가 고베(神戶)에서 공해문제를 논의하는 모임이 있었습니다. 농협 경영연구소의 이치라쿠 테루오(一樂照雄) 씨가 주관하고 있는 유기농업연구회와 나다(灘) 생협이 공동 주최한 모임이었습니다. 강사는 농림성을 비롯하여 수산청에 근무하는 분들과 나가노(長野)현 기타사쿠(北佐久) 군의 와카츠키 순이치(若月俊一) 선생님 그리고 이리요시 사와코(有吉佐和子) 씨의 소설《복합오염》을 출판한 야나세(梁瀨義亮) 씨 등이었습니다. 장소는 고베의 나다 생활협동조합 본부였습니다. 참가자는 그곳 생협 회원들이 대부분이었지만, 잘 아시는 바와 같이 나다 생활협동조합은 일본에서 가장 큰 생협으로서 몇십만의 회원을 확보하고 있는 단체입니다.

이 모임에서 식품공해 문제가 열렬히 논의되었습니다. 그때 고베의 록고(六甲)산 위에서는 전 고베대학의 모리 신조(森信三) 선생님 주최로 전국 교원이 모인 연구회가 개최되고 있었습니다. 저는 그쪽에 참가하고 있었는데, 틈이 나면 아래 모임에 가기도 하고 위의 모임에 가기도 하면서 물심양면에서 많은 것을 생각해볼 수 있었던 하루였습니다. 아래서는 식품공해 문제가 열심히 논의되고 있었고, 위에서는 교육자들이 일본의 현실을 걱정하고 있었습니다.

나다 생활협동조합에서 있었던 모임은 식품공해 문제를 홍보하는 데 있어서는 대단한 역할을 했다고 할 수 있습니다만, 결과적으로 식품공해가 얼마나 무서운 것이냐에 관한 논의 수준에서 그치고 말았습니다. 근본적인 대책을 찾지 못한 모임이 되고 말았던 것이지요. 예를 들면 이런 이야기가 있었습니다. 당시 다랑어의 수은중독이 세간에서 왈가왈부되고 있었는데, 강사로 나온 수산청의 한 공무원은 처음에는 수은이 얼마나 무서운 물질인가에 관해 열심히 이야기하더군요. 수은중독의 위험성은 신문이나 라디오를 통해서 일반 사람들도 이미 익히 듣고 있었기 때문에 모두 열심히 귀를 기울이고 있었습니다. 그러나 이야기는 진전되어감에 따라 이상해졌습니다. 강사는 이런 이야기를 하는 것이었습니다 - 사실은 남극의 얼음 바다에서 잡힌 다랑어 속에서도 대단히 많은 양의 수은이 발견되고 있다, 몇백년 전에 잡은 다랑어 표본이 어떤 대학에 있는데, 그 다랑어 표본의 배를 가르고 조사해보니 없으리라고 생각했던 수은이 그 속에도 실은 있었다, 세토내해(瀨戶內海: 일본 혼슈(本州), 규슈(九州), 시코쿠(四國)에 둘러싸인 바다 - 옮긴이)에서 잡은 고기에도 수은이 몇 피피엠 들어있었다. 이를 보면 다랑어라는 물고기는 어쩌면 수은을 다량으로 섭취하지 않으면, 즉 몸 속에 수은이 없으면 살아갈 수 없는, 수은을 본래부터 필요로 하는 생물일지도 모른다는 거였습니다. 이야기를 듣고 있던 나다 생협의 부인들은 모두 뭐가 뭔지 갈피를 못 잡는 눈치였습니다. 한가지로 만가지를 미뤄 알 수 있는 법인데, 강의를 듣고 저는 그분들에게 과연 공해문제를 진정으로 해결하려는 의지가 있는지 그 진의를 의심하지 않을 수 없었습니다.

그곳에 참석한 부인들은 채소나 쌀 등 식품의 공해문제에 대해서 열렬히 이야기했습니다. 그 절실한 이야기를 들으며 식품공해문제가 제가 생각했던 것보다 훨씬 심각하고, 또 많은 사람들이 그 사실을 알고 있다는 것을 알 수 있었습니다.

그 자리에서 저는 식품공해 문제에 대한 대책이 실은 지금 이 시간, 이 장소에서 나올 수 있다는 사실을 말씀드렸습니다. 왜냐하면 그곳에는 수산청 관리도 계셨고, '천황(天皇)'이라 불리며 농림성과 농협을 좌우지하는 이치라쿠(一樂)라는 분도 계셨기 때문입니다. 그분들이 진정으로 공해의 두려움을 이해하고 있고, 그 대책을 세우고자 한다면 세울 수도 있다는 이야기를 하였습니다. 그런데 일본 농부들 중에서 과연 진짜 공해 없는 식품을 만들고자 하는 사람이 단 한사람이라도 있는가 하면, 그렇지 않은 것이 현실이다, 공해의 두려움에 대해 열심히 이야기는 하지만 실제로는 아무도 이것에 정면 대응하고 있지 않은 것이 실상이 아니냐는 이야기를 하자, 사회자는 이치라쿠 회장 앞에서 그런 문제를 꺼내는 것은 곤란하다고 못박는 것이었어요. 그래서 저는 "사실을 이야기하자면, 식품공해에 대한 문제점만 소리 높여 이야기하고 있을 뿐, 실제 활동이 그것을 따라가지 못하고 있다. 만약 할 생각이 있다면 대책이 없는 것은 아니다"라고 했습니다. 이 점을 저는 이야기하고 싶었습니다 ― 일본에서 아무도 하고 있는 사람이 없기는 하지만 그렇다고 진짜 무농약 쌀이나 귤, 채소 재배가 불가능한 것은 아니라고, 나는 확신을 가지고 있으며 사실은 지금까지 내가 해온 것이 바로 그것이라고, 그러나 그것을 받아들여 행하고자 하는 사람은 없다고 말입니다.

이어서 저는 여기에 계신 이치라쿠 씨가 마음을 내어 전국 농민들에게 무농약 쌀을 만들라고 권유해주실 수는 없느냐는 제안을 했습니다. 그러나 사실 그 속에는 대단히 어려운 문제가 있습니다. 어떠한 어려움이 있느냐 하면, 기술적인 문제가 아닙니다. 무농약, 무비료 그리고 농기구를 사용하지 않고 무공해 식품을 만들라고 하면 현재 전혀 불가능한 일은 아닙니다. 그러나 그렇게 되면 제일 먼저 곤란해지는 것이 농협입니다. 그래서 농협이 제일 먼저 눈을 감아버립니다. 농협은 농약과 비료와 농기구를 팔아서 번창하고 있기 때문입니다. 농협은 그것으로 운영해가는 것이기 때문에 이치라쿠 씨가 있는 자리에서는 "농협에서 공해문제를 해결하는 방법을 찾아야 한다"는 말을 할 수가 없는 것입니다. 이런 이야기를 제가 하자, 이치라쿠 씨는 "후쿠오카 씨에게서 그런 이야기를 들으니 어떻게 해야 좋을지 모르겠다"며 내 말문을 막았는데, 아무튼 그런 일이 있었습니다.

도시에서는 자연농법을 이야기해 봐야 소용이 없습니다.

바다오염은 화학비료가 원인이다

저는 물고기나 바다오염 문제에 관해서 수산청 사람들에게만 책임을 묻고자 하는 것이 아닙니다. 식품공해 문제도 그렇지만 오염문제를 해결하기 위해서는 서로 모여서 상의하여 모든 것이 한꺼번에 해결되지 않으면 안됩니다. 그것은 일부 사람의 제안이나 제창으로 해결될 수 있는 것이 아닌 전체적인 문제라는 것을 이야기하고 싶었습니다.

세토내해가 오염되며 그곳에서 잡은 물고기 맛이 없어져버린 것은 사실입니다. 세토내해 물고기만큼 맛있는 물고기는 없었는데 현재는 태평양 물고기 쪽이 더 맛있다고 합니다. 혹은 오염되지 않은 고기는 이제 더이상 없다는 말을 하기도 합니다. 이러한 문제에서도 단지 공장폐수를 막으면 된다든지 혹은 석유나 그 밖의 유류가 바다를 오염시키지 못하도록 하면 된다는 등의 소박한 사고방식만으로는 세토내해 오염문제는 해결되지 않습니다. 이러한 문제는 모든 사람이 함께 힘을 모으지 않으면 안됩니다. 생산자는 물론 소비자, 어업에 종사하는 사람, 바닷가에 사는 사람 등등 모든 사람들의 의식 개혁이 근본적으로 이루어지지 않는 한 공해문제는 해결되지 않습니다.

사람들은 모두 자신이 옳다고 생각하고 있습니다. 예를 들면 농부는 자신과 바다와는 아무런 관계도 없다고 여기며, 물고기는 수산청이 돌볼 문제라고 생각하고 있습니다. 그리고 바다오염 문제는 환경청 관리들이 대책을 세울 것이라고 여깁니다. 이러한 사고방식에 문제가 있습니다. 농부와 바다오염과는 아무런 관계가 없다고 할 수 없습니다. 농부들이 논이나 밭에 사용하고 있는 화학비료나 농약이 바다와 전혀 관계가 없는 것일까요? 이를테면 농부들이 화학비료의 주성분인 황산암모늄이라든가 요소, 인산 등의 비료를 열심히 논밭에 뿌리고 있는데, 이것이 사실상 논밭에 흡수되는 분량은 불과 얼마 안됩니다. 거의 대부분이 냇물로 흘러들고, 시냇물은 흘러 흘러 바다로 갑니다.

바다에 적조현상이 발생하며 물고기가 죽어가는 문제 또한 같습니다. 이 적조 발생의 최대 원인이 되는 것은 기름이라든가, 공장폐수, 생활하수만이 아닙니다. 강 주변의 논밭에서 흘러들어간 화학비료의 영양분(비료는 물고기나 생물에게 영양분이 됩니다)이 바다를 더럽히는 또 한가지 원인이 되고 있습니다. 강에 비료의 영양분이 과다하게 흘러들어 적조현상이 발생하는 것이 틀림없습니다. 이와 같이 하천의 적조 발생은 농부에게도 책임이 있습니다. 그러므로 공장폐수 이상의 오염 원인을 제공하는 농부와, 그 발생원이 되고 있는 화학비료를 만드는 화학비료공장, 그러한 것을 편리하다고 믿고 비료 기술지도를 하고 있는 농업 공무원, 이러한 모든 분야의 사람들이 반성하지 않으면 화학비료 사용은 멈춰질 수 없습니다. 이와 같은 이유로, 화학비료의 사용이 중지되지 않는 한 바다오염이 근원적으로 해결되기는 불가능합니다.

예를 들면, 미즈시마(水島)에서 어떤 석유회사의 유조선이 침몰하면서 흘러나온 석유로 말미암아 바다가 오염되어 어민과 석유회사가 대립했던 일이 있었는데, 그러한 차원에서 세토내해의 오염이 논의되고 있을 뿐입니다. 그리고 공장폐수 문제입니다만, 어느 대학교수는 시코쿠의 어느 한 부분에 구멍을 뚫어 태평양 물을 세토내해로 끌어들일 수 있다면 해류의 이동으로 세토내해 오염을 정화할 수 있지 않겠느냐는 계획을 세우기도 했습니다.

그러나 이러한 차원의 대책으로는 참다운 해결이 되지 않습니다. 모든 오염의 근본원인은 인간의 모든 행동과 지식으로부터 출발합니다. 자연이 아니라 인간이 만든 것에 가치가 있는 것처럼 생각하는 데에 문제의 원인이 있습니다. 결국 인위를 가치있는 것처럼 생각하는 가치관이 문제입니다. 그러므로 그러한 가치관을 가지고 있는 인간의 머리가 근본적으로 개혁되지 않는 한 오염문제는 해결되지 않습니다. 무슨 일을 하든, 오히려 하면 할수록 더욱 나빠질 뿐입니다. 그것이 실상입니다. 대책을 세우면 세우는 만큼 오히려 문제는 악화되며 내부로 곪아갑니다.

방금 이야기한 대로 시코쿠에 고치와 사이조(西条) 지역을 연결하는 파이프를 묻고 그 파이프를 이용하여 태평양에서 물을 퍼올려서 끌어들이면 혹시 세토내해를 정화할 수 있을지 모릅니다. 그러나 파이프를 설치하려면 우선 그 많은 파이프를 만드는 공장을 세워야 합니다. 그리고 전력이 부족한 경우에는 원자력발전소를 만들지 않으면 안됩니다. 원자력발전소를 만들자면 거기에도 콘크리트를 비롯한 여러가지 많은 재료가 필요하게 됩니다. 게다가 원자력발전소는 우라늄 농축공장을 필요로 합니다. 이렇게 되면 결국 그 대책의 제2, 제3의 2차 공해, 3차 공해로 공해는 더욱 악화되며 일은 더욱 어려워진다는 사실을 우리는 이해하지 않으면 안됩니다.

과학자는 눈앞의 일만을 가지고 문제를 파악할 뿐 전체적인 파악은 거의 하지 않습니다. 그들은 언제나 국소적인 과학적 진리나 판단에 입각한 대책밖에 세우지 못합니다. 거기에 문제가 있는 것입니다. 논밭에서 욕심 많은 농부가 수로를 열고 물을 자꾸 대고 있습니다. 그러면 물의 양이 너무 많아져 아래쪽 논둑에 구멍이 생기며 논둑이 무너집니다. 그때 우리는 논둑에 난 구멍을 막는다거나, 혹은 논둑을 튼튼하게 하기 위한 보강 대책을 세우지 않을 수 없습니다. 그러나 그러한 대책을 세우면 세울수록 물이 더 불어나서 위험한 상태가 점점더 심각해집니다. 이처럼 과학적 방법의 대책도 세우면 세울수록 공해의 화근을 심화해갈 뿐입니다.

자동차 배기가스를 규제한다, 혹은 새로운 엔진을 개발한다는 것은 공해에 대단히 도움이 될 듯이 보입니다. 그러나 새로운 엔진이 개발되면 지금까지 시속 80킬로미터로 달리던 고속도로가

100킬로미터, 혹은 120킬로미터, 150킬로미터로 속력을 높이는 데 도움이 될 뿐입니다. 그러므로 결국 5년이나 10년이 지나보면, 새로운 차를 만든다, 혹은 새로운 엔진을 만든다는 것이 그 다음에 올 커다란 화근을 만드는 데 지나지 않았다는 걸 알 수 있습니다. 결국 공해를 조장하는 데 기여하고 있을 뿐입니다. 공해를 방지하려고 만든 것이 결과적으로 공해를 조장하는 수단이 돼있는 것입니다.

지금 세상에서는 공해 방지를 위해서 이렇게 저렇게 하는 것이 좋다며, 여러가지 일을 하고 있습니다. 그러나 하면 할수록 해결에 도움이 되지 않고 오히려 문제는 점점 안으로 커지고 깊어집니다. 어째서 일이 이렇게 되는 것일까요? 왜 이처럼 모순된 일이 일어나는 것일까요? 그 이유는 인간이 근본적으로 무엇 하나 원점이나 근원에서 파악한 것이 없기 때문입니다. 무엇 하나 제대로 아는 것이 없기 때문입니다.

과일은 지나치게 혹사당하고 있다

바다오염 문제를 육지의 예로 이야기하면 농부가 만드는 식품오염 문제가 됩니다. 보통 식품오염 문제는 농부가 해결할 수 있거나, 농부를 지도하는 농업기술자의 손에 의해 해결될 수 있으리라고 생각할 수 있습니다. 그러나 이것은 대단한 착각입니다.

예를 들어, 여기 있는 이 귤이나 다른 과일도 마찬가지지만, 소비자들은 무농약 과일을 요구합니다. 무농약 쌀을 요구하고 있습니다. 그런데 어떻게 해서 약을 친 과일이 나오는가 하면, 그 최초의 원인은 소비자 쪽에 있습니다. 소비자들은 모양이 고르고 양이 적더라도 깨끗하고 맛있는, 단맛이 많은 것을 요구합니다. 그것이 그대로 농부에게 여러가지 약을 사용하게 하는 원인이 되고 있습니다. 이 귤만 하더라도 40여년 전에는 농약을 치지 않았습니다. 그러던 것이 언제부터인지 농약을 사용하기 시작했습니다. 식품공해 문제가 이야기되면 될수록 보다 많은 농약을 사용하지 않으면 안되게 되었습니다.

어떻게 해서 이처럼 어처구니없는 일이 일어나게 된 것일까요? 소비자들은 자신들이 쪽 곧은 오이를 요구하는 것도 아니고, 외관이 깨끗한 과일을 요구하고 있는 것도 아니라고 말합니다. 그러나 실제로 도쿄의 어떤 시장에 과일이 나란히 놓여있다고 가정해봅시다. 외관이 조금 좋은 물건과 나쁜 물건이 있을 경우, 어느 만큼 차이가 날 것이냐는 것입니다. 단맛의 정도로 말하면 당도가 1도 높으면 1킬로그램당 10~20엔 더 받게 됩니다. 대·중·소로 말하면 1등급이 오를 때마다 가격은 2~3배가 됩니다. 알이 크거나 당도가 높다는 이유로, 혹은 외관에 대수롭지 않은 오점이나 반점이 있느냐 없느냐에 따라 가격은 두세배 차이가 납니다. 이렇게 되면 서비스업자의 행동은 자동적으로 결정됩니다. 사람들이 요구하는 물건을 팔고자 하게 됩니다. 당연한 일입니다.

예컨대 한여름인 8월에 온주(溫州) 귤을 내면, 지난해에는 제철 귤에 비해 10~20배의 가격으로 팔았습니다. 그래서 올해에는 겨울부터 비닐하우스 속에서 석유를 때서 기른 결과, 현재 꽃이 피어있습니다. 이렇게 해서 만들어진 귤이 8월에 출하됩니다. 그렇게 하면 보통 1킬로그램당 50엔 정도밖에 하지 않던 귤이 500~600

엔, 1,000엔이라는 터무니없는 가격으로 매매됩니다. 그래서 10아르 귤밭에 수백만엔이나 되는 돈을 들여 시설을 하고 석유를 때며 고생을 합니다. 고생이 되더라도 돈벌이가 만족스럽다는 이유로 너도나도 자꾸 시작하고 있습니다. 겨우 한달 일찍 귤을 시장에 내기 위해서 몇십배의 자재와 노력을 들이고 있습니다. 도시 사람들은 아무 생각 없이 그 과일을 삽니다. 그러나 귤을 한달 일찍 먹는다고 하여 그것이 인간에게 어떤 도움이 될 것인가를 생각해보면, 도움은커녕 해가 되는 측면이 더 많은 것입니다.

그리고 불과 수년 전만 해도 없었던 일인데 최근에는 귤에 컬러링, 착색을 하게 되었습니다. 착색을 하면 일주일 정도 색깔이 일찍 변합니다. 10월 10일 전에 파는 귤과 열흘 뒤에 파는 것은, 단 열흘이나 일주일 정도의 차이지만, 가격 차이가 배가 되기도 하고 절반이 되기도 합니다. 이러한 이유로 하루라도 일찍 색을 내기 위해 컬러링을 합니다. 컬러링이란 귤에 착색 촉진제를 뿌리는 행위를 말합니다. 컬러링만이 아닙니다. 귤을 따 들인 뒤에는 밀실에 넣고 가스 처리를 합니다. 그보다 더 일찍 내고자 하는 사람은, 귤에 단맛이 부족한 경우 인공감미제를 사용합니다. 보통 인공감미제는 일반인에게는 금지되어 있지만, 귤에 뿌리는 인공감미제는 별로 금지하고 있는 것 같지 않습니다. 어쨌든 인공감미제가 뿌려지고 있습니다.

다음에는 공동 선과장으로 보냅니다. 거기서 대소를 구별하기 위해 과일 하나하나가 몇백미터의 거리를 데굴데굴 굴러갑니다. 이때 타박상을 입기도 합니다. 커다란 선과장일수록 선별 중에 타박상을 입거나 더러워지는 과일이 많습니다. 선별 시간이 길기 때문입니다. 그래서 도중에 방부제를 뿌리고 착색제를 뿌리는 것입니다. 그 전에 물론 세정하는 과정이 있습니다. 과일은 지나치게 혹사당하고 있습니다. 그리고 최후에 왁스 끝손질이라고 하여 파라핀 용액을 뿌리고 표면에 납을 먹입니다. 식빵 등에는 액상파라핀 사용이 당연히 금지되어 있는데, 과일류에 뿌리는 액상파라핀은 문제없다는 것인지 뭔지 알 수 없습니다. 파라핀을 뿌리는 이유는 가게에 진열돼서도 귤이 비닐 속에 들어있는 것과 같은 선도를 유지하며, 이삼일 지나도 새로 꺼낸 것처럼 보이기 때문입니다. 이러한 이유로 파라핀으로 빛을 냅니다.

말하자면 귤 하나를 거둬들이는 데도 이와 같이 많은 일들이 행해지고 있는 것입니다. 이것이 귤을 채집하기 직전부터 직후에 걸쳐서 그리고 출하해서 가게에 놓이고 소비자의 입에 들어가기까지의 현실입니다. 조금이라도 외관이 좋은 것, 깨끗하고 큰 것만 사고자 하는 소비자 쪽의 단순한 마음이 농부를 여기까지 몰아가며 괴롭히고 있는 것입니다.

수고는 많고 성과는 적은 유통구조

물론 이러한 일은 농부가 좋아서 하는 것도 아니고, 지도자가 농부를 괴롭히려고 하는 일도 아닙니다. 모든 사람의 가치관이 변하지 않는 한, 이 문제는 해결될 수 없습니다.

지금부터 40년 전, 제가 요코하마 세관에 다니던 때에 미국은 이미 선키스트 오렌지라든가 레몬에 이와 같은 약물 처리를 하고 있었습니다. 그것이 직접 일본에 들어왔을 때 저는 강력하게 반대

했습니다. 뭔가를 만들어낸다고 세상이 잘되는 게 아닙니다. 오히려 되도록 아무것도 하지 않도록 노력하는 일이 중요합니다. 그러나 결국 제 의견은 무시되었고 반면에 제가 염려했던 일들은 그대로 이루어졌습니다.

그러나 확실한 것은, 어떤 조합이나 농가가 새로운 방법을 취하면, 그해에는 역시 궁리한 만큼 벌이가 커집니다. 그러나 다음해가 되면 다른 공동 선과장이나 농협에서 가만히 보고만 있지 않습니다. 곧 모방해 버립니다. 이렇게 이삼년 지나면 전국의 과일이란 과일은 모두 왁스로 처리됩니다. 그러면 왁스 처리를 하지 않은 것은 물론 값이 싸지겠지만, 왁스 처리를 한 것이라고 하여 비싸게 팔리지도 않습니다. 이렇게 몇년이 지나고 보면, 왁스 처리로 인해 가격을 높게 받을 수 있던 현상은 사라지고, 결국 왁스 처리를 하지 않으면 안되는 농가의 노력과 자재 부담만이 남게 됩니다.

한편 그것은 결국 소비자에게도 해가 됩니다. 신선하지도 않은 것이 신선한 것처럼 위장되어 팔리고 있기 때문입니다. 신선도가 떨어져 있기 때문에 비타민도 파괴되어 있고 맛도 떨어집니다. 그보다는 오히려 자연스럽게 시든 쪽이 좋습니다. 시들어 있다고 하는 것은, 생물학적으로 말하면, 귤이 소비에너지를 최소화한 상태로 자신을 바꾸고 있다는 것을 의미합니다. 귤은 그때 정지에 가까운 상태가 되어있습니다. 인간도 좌선을 하며 호흡을 최소한도로 조절하면 에너지 소비가 줄어들어 단식을 하더라도 몸이 쇠약해지지 않는데 귤도 마찬가지입니다. 귤이나 과일이 시들었다는 것은 자기방어를 위한 것으로, 그러한 상태가 되더라도 과일 자체의 맛은 떨어지지 않습니다. 그냥 깃들어 있습니다. 무리하게 선도를 유지하려고 한다거나 습기를 보존하려고 하는 것이 오히려 화를 부릅니다. 채소가게 주인은 채소의 외관을 유지하기 위해 채소에 언제나 물을 뿌립니다. 그런데 그렇게 하면 할수록 그 채소는 생명활동이 활발해져서 자가소비가 왕성해지기 때문에 자신의 살을 자기가 먹는 격이 됩니다. 이것은 문어가 자신의 다리를 먹는 것과 같은 일로서, 결국 채소나 과일의 영양분도 없어지고 맛도 떨어지게 됩니다. 이처럼 겉모양만을 거짓 꾸밈으로써 소비자는 비싸고 맛없는 것을 먹게 되는 결과를 낳게 됩니다. 생산자 쪽도 고생은 고생대로 하고 생산비는 오르지, 결국 이삼년 지나면 손에 남는 것이 없게 됩니다. 말 그대로 노고는 많고 공이 적은, 우스꽝스런 판이 돼버리는 것입니다. 이러한 일이 현재 모든 분야에서 일어나고 있습니다.

모든 농업단체나 공동 선과장 조직들이 이처럼 쓸데없는 일을 강행하기 위해 통합하고, 규모를 확장해가고 있습니다. 그러면서 그것을 '근대화'로 생각해왔습니다. 그리고 그런 착각 속에서 대량으로 생산해서 유통기구에 맡깁니다. 대량의 농산물을 큰 시장에 가져가 대중에게 팔아넘길 수 있다면, 생산자는 유통기구와 분업이 되어 안심하고 생산할 수 있고, 소비자는 싼 값에 농산물을 사 먹을 수 있는 것처럼 생각했습니다. 이것이 대량 유통기구의 최초의 표어였습니다.

그러나 사실은 반대입니다. 대량으로 만들면 만들수록 생산자를 울리게 되고 소비자는 소비자대로 질 낮은 것을 비싼 값에 사 먹어야 하는 결과가 돼갑니다. 진짜를 버리고 가짜를 먹는 것인데, 왜 그렇게 된 것인지 그 이유를 모르고 있습니다. 유통기구의 개혁이라는 관점에서만 보더라도 진짜가 유통되지 않게 되면서 소비자와 생산자가 모두 고생만 하는 결과에 빠지게 되었는데도 거기서 헤어나지 못하고 있습니다. 그것은 유통기구 개혁의 근본 원점을 상실하고 있기 때문입니다. 지엽적인 일만을 개혁했기 때문에 뿌리가 시들어가고 있는 것입니다. 한마디로 말하자면, 아름답고 맛있고 큰 쪽이 좋다고 하는 소비자의 가치관의 역전이 없는 한 근본적인 해결 또한 불가능합니다.

자연식품 붐이 의미하는 것

저는 쌀과 귤 농사를 하고 있는데, 수년 전까지는 40~50섬 쌀을 자연식품점에 내기도 했고, 15킬로그램 상자에 담은 귤을 10톤 차에 실어 도쿄 스기나미(杉並)구 생활협동조합으로 직송하기도 했습니다. 유기농업연구회의 알선이었지요. 이 조합 이사장은 대단히 개화된 생각을 가지고 계신 분으로 오염되지 않은 물건을 팔고 싶다는 의욕에서 저와 의기투합했습니다. 자연식품은 본래부터 최저의 비용과 노력으로 생산할 수 있는 것이기 때문에 가장 싼 가격에 판매하지 않으면 안된다는 것이 저의 신념이었습니다. 그래서 최저 가격으로 보냈던 것입니다.

첫해는 제 귤에 대해서 여러가지 찬반의 의견이 있었습니다. 물론 불평도 나왔습니다. 대·중·소의 차이가 있다든가, 다소 오점이 있다든가, 시든 것이 있었다든가 하는 말이 좀 있었습니다. 특히 될 수 있는 한 값이 싼 게 좋다는 생각에서 무지 상자에 넣어 보냈는데, 그것을 보고 하품(下品)만을 모아서 보내온 것이 아니냐는 추측을 하는 사람도 있었다고 합니다. 이 이야기를 듣고부터는 저희 귤도 '자연귤'이라는 상표를 붙인 골판지 상자에 넣어 보내게 되었습니다.

다행히 결과는 좋았습니다. 도쿄의 그 지역(스기나미구)에서는 일반 상점에서 나온 귤과 비교해서 가격은 최저였으나 맛은 오히려 좋았다는 평판이 나왔습니다. 결점을 억지로 말하자면, 다만 외관이 일반 것과 비교했을 때 나쁘다는 점이었습니다. 그러나 이 점에 대한 불평은 별로 없었고, 가격이 싸다는 것과 무공해라는 것, 맛있다는 것, 이 세가지 점에서 차츰 호응을 얻어갔습니다. 그러나 처음에는 썩는 것도 나올 때가 있어서 그 대책으로 고생을 한 일도 있었습니다. 원칙은 역시 가까운 곳에다 파는 것이겠지요.

자연식품의 직판 구조가 어디까지 발전해갈지는 앞으로의 문제입니다만, 한가지 희망은 있습니다. 과일농사는 지금 대단히 궁지에 몰려있는데, 오히려 이 궁지가 자연식품 붐을 일으키는 계기가 될 수 있다고 저는 봅니다. 왜 그럴까요? 수많은 농부들이 열심히 농약을 치며 고생해가며 과일농사를 짓고 있지만, 현재 재생산이 어려울 정도의 낮은 가격에 팔리고 있습니다. 온주 귤인 경우 1킬로그램당 45~46엔의 생산비가 드는데, 농가의 손에 실제로 들어오는 돈은 나쁜 것은 40엔 정도, 좋은 것은 60엔 정도이며 올해에는 50엔 정도였습니다. 올해에는 특별히 질이 좋은 귤을 만든 농가조차 실제로 손에 남는 돈은 1킬로그램에 10~20엔 정도가 고작입니다. 그보다 못한 농가는 이미 생산비가 올랐기 때문에 손에 들어오는 것이 아무것도 없을 정도입니다. 이렇게 되면 열심히 노력하더라도 따라잡을 수 없습니다.

가격이 폭락한 최근 1~2년은 공동 선과장이나 농협의 지도가 매우 엄격해져서 좋지 않은 귤인 경우에는 몰수당하는 일까지 있었습니다. 그래서 공동 선과장에 내기 전에 우선 집에서 귤을 선별해야만 합니다. 그러기 위해서는, 낮에 열심히 모아 온 귤을 선별하는 일에 저녁밥을 먹은 뒤부터 밤 11~12시경까지 매달려야 합니다. 귤 하나하나를 손으로 집어가며 좋고 나쁜 것을 선별하여 좋은 것만 모아서 출하하는 것입니다. 그래서 이제 귤농사 짓는 농민은 잠도 제대로 잘 수 없을 지경에 내몰리게 되었습니다. 이렇게 해도 몰수되는 것이 있습니다. 이렇게 하면서도 실제로 손에 들어오는 돈이 평균 5엔이나 되면 좋겠다고 하는 실정입니다.

저는 농약을 쓰지도 않고, 화학비료를 사용하지도 않습니다. 땅을 갈지도 않습니다. 그래서 제가 하는 귤농사는 생산비가 거의 들지 않습니다. 그렇기 때문에 어쩌면 열심히 귤농사를 짓는 사람들보다 실제 받는 돈은 많을지도 모릅니다. 더구나 제가 내는 귤은 거의 선별을 하지 않고 다만 상자에 넣어서 보낼 뿐이기 때문에 밤에도 물론 일찍 잘 수 있습니다. 이웃사람들이 이것을 보고, 고생은 많고 남는 것이 없는 농사는 그만두고 이제 내년부터 농약을 치지 않을 테니 부디 함께 출하해달라고 부탁을 하는 형편이 되었습니다. 이렇게 생산자 쪽에서 자연식품을 만들어내는 것도 나쁘지 않다고 생각하는 새로운 기운이 생기고 있습니다. 그리고 소비자 쪽에도 재작년에는 욕을 하는 사람이 없었습니다. 그래서 이야기를 들어보면, 소비자는 종래 자연식품이라면 비싼 것이라는 게 상식이다, 비싸지 않으면 자연식품이 아니다, 그래서 진짜 자연식품도 싸게 팔면 오히려 팔리지 않는다는 이야기를 소매인들로부터 듣고 있습니다.

수년 전에 제가 귤산에서 치는 벌통의 꿀이라든가 놓아기르는 닭의 알을 도쿄로 보내달라는 이야기가 나왔습니다. 그때 도쿄 쪽에서 터무니없는 가격을 붙여 팔겠다고 하여 화가 나서 그곳에 전부터 내던 쌀도 지난해와 올해에는 보내지 않았습니다. 제 쌀이 실제보다 많은 양으로 게다가 매우 비싼 값으로 소비자들에게 팔리고 있다는 것을 알았기 때문입니다. 비싼 자연식품이라면 거기엔 반드시 상인의 농간이 들어갔거나, 거기에 편승하려는 세력이 있습니다. 자연식품이 아닌 것도 자연식품이라고 팔면 어처구니없는 이익을 보게 됩니다. 자연식품이 비싸면 일부 사람들밖에 그것을 이용할 수 없습니다. 그렇게 되면 높은 이익의 소량 판매 현상이 일어나게 됩니다. 그러므로 대중성을 가지고 누구나 자연식품을 먹을 수 있는 운동을 일으키기 위해서는 값이 싸지 않으면 안된다는 것이 제 생각입니다. 값이 비싸면 자연식품이 귀중품으로 취급되며 극소수 사람들밖에 먹을 수 없게 됨으로써 결국은 무공해 진짜 농산물의 생산이 늘어나지 않게 됩니다. 요컨대 대량으로 유통되는 농산물이 아니면 농부도 안심하고 농사를 지을 수 없다는 뜻입니다.

소비자 쪽이 이러한 문제를 점점 중요하게 여기고 대량 주문을 하게 되면 생산자인 농부들도 안심하고 농산물을 길러낼 수 있는 것입니다. 농민 또한 자신의 몸을 상해 가며 농약을 치고 싶어하는 사람은 아무도 없기 때문에 농약을 그만두라고 하면 기뻐하며 그만둘 것입니다. 농약을 그만두지 못하는 이유는 손에 남는 것이 없을 만큼 가격이 폭락하지 않을까 하는 두려움 때문입니다. 그러나 그러한 궁지가 오히려 기회가 되어, 올해는 단지 귤 하나의 예입니다만, 잘못 돌아가던 유통구조가 제 궤도로 돌아오고 있다는 느낌을 받고 있습니다.

자연이 만든 것의 맛

며칠 전에 NHK 방송국 사람들이 와서 자연의 맛에 관해서 이야기를 해달라고 해요. 그래서 이렇게 말했습니다. 이 귤산에는 놓아키우는 닭이 있는데, 이 닭과 산 아래에서 케이지 속에서 키우는 닭('케이지 사육'이란 양계법의 하나로서, 닭을 매우 좁은 우리 안에서 대규모로 기르는 방식을 말함 - 옮긴이)의 알을 비교해봅시다. 산의 것을 깨보면 노른자가 황색이라기보다 오히려 붉은색에 가깝고 볼록 솟아올라 있는 데다 탄력이 있습니다. 반면 보통 양계장에서 기르는 닭은 노른자가 황색이긴 한데 흰빛이 많이 돌며, 끈기가 없습니다. 달걀부침이라도 해보면 맛이 정말 다릅니다. 이것을 먹어본 초밥집 주인들은 어릴 때 먹던 계란 맛이라며 마치 귀중품에라도 접한 것처럼 기뻐했던 일이 있습니다. 그러나 대개의 사람들은 자연에 놓아기른 닭과 인공적으로 기른 닭의 차이와, 그 닭들이 낳은 계란 맛의 차이를 잊어버리고 있습니다.

제 귤산에는 채소가 클로버나 가지각색의 들풀 속에서 자라고 있습니다. 귤산에 여러가지 종류의 채소 씨앗을 흩뿌려놓아 풀과 채소가 섞여서 자라고 있는 것입니다. 채소도 무, 순무, 당근, 갓, 양배추, 겨자, 콩류 등이 모두 공생하며 혼재해 있는 상태입니다. 이렇게 들풀과 같은 상태로 기른 채소와 일반 농가에서 비료를 줘서 기른 채소는 그 향이나 맛이 사뭇 다릅니다. 야생화된 채소는 맛이나 향이 강렬하고 감칠맛이 납니다.

왜 그럴까요? 저는 이렇게 대답합니다. "어렵게 생각할 일이 아닙니다. 밭에서 채소를 재배할 때는 질소, 인산, 칼륨 세가지 요소만으로 된 화학비료를 사용해서 채소를 기른다. 그런데 이 풀 속이란, 풀의 종류가 많으면 많을수록 다양한 영양분이 토양 속에 들어있기 마련이다. 잡초가 나있는 곳, 클로버가 나있는 곳, 여러가지 풀들이 혼생하는 곳에는 질소, 인산, 칼륨은 물론 각종의 풍부한 미량원소가 들어있다. 미네랄이 있고, 그것만이 아니라 뭐든지 다 있다. 이러한 속에서 풍부한 영양분을 흡수하며 자란 식물은 복잡한 맛이 된다. 이른바 맛이라고 하면 단순히 맛있는 것만을 뜻하는 것이 아니다. 쓴맛, 매운맛, 신맛, 떫은맛 등이 모두 뒤섞인 것이 자연의 맛, 자연에서 자란 것의 맛이다."

또 한가지 이야기하자면, 인공적으로 개량돼온 채소보다 야생의 들나물이나 산채 쪽이 가치가 있습니다. 일반인들이 산채를 귀하게 여기게 된 것은, 산채나 옛날에 먹던 채소가 현재 일반인들이 먹고 있는 채소보다 풍미가 있고, 맛이 있다는 뜻입니다. 산과 들에 나는 자연의 것은 감칠맛이 있지요. 개량되지 않은 야생에 가까운 채소는 모든 맛을 겸비하고 있습니다. 들풀에 가까운 채소일수록 인간의 몸에 좋습니다. 결국 진짜 맛이라고 하는 것은 인간의 몸에도 좋은 것입니다.

먹을거리와 약은 둘이 아니고 하나입니다. 현재의 채소는 먹을거리가 될 뿐 약이 되지 않지만, 옛날 채소는 식용이자 약용이었습니다. 예를 들어 무만 하더라도 그렇습니다. 냉이는 무의 선조

라면 선조라고 할 수 있는데, 냉이(나즈나, ナズナ)는 '온화해지다'라는 의미의 '나고무(ナゴム)'란 낱말과 관계가 있는 온화(ナゴム)한 푸성귀의 잎이라는 것입니다. 일곱가지 봄채소(미나리, 냉이, 떡쑥, 별꽃, 광대나물, 순무, 무 ― 옮긴이)를 뜯어서 먹어보면 기분이 온화해지는 것을 느낄 수 있습니다. 고사리나 고비, 냉이나 달래 등을 먹으면 사람이 부드러워집니다.

  요즘 아이들에게는 감병(疳病 : 수유나 음식 조절을 잘못해서 어린아이에게 생기는 병 ― 옮긴이)이 매우 흔히 발생한다고 하는데, 감병을 다스리는 데는 냉이를 먹는 것이 제일이라고 합니다. 냉이를 먹는다거나 버드나무 벌레 등 나무 벌레를 먹으면 감병에 효과가 있다고 하여 옛날에는 아이들에게 자주 먹였습니다. 곤충류도 대개 먹을 수 있습니다. 곤충은 먹을 수도 있을 뿐만 아니라 약도 됩니다.

  이것은 여담입니다만, 저는 전쟁 중에 농업시험장에서 근무했습니다. 그때 군부 쪽의 주문이 남방 쪽으로 가면 어떤 것을 먹을 수 있느냐는 것이었습니다. 그래서 조사했던 적이 있는데, 조사를 하면 할수록 어떤 것이든 모두 쓸모가 있다는 것을 발견하고 놀랐던 적이 있습니다. 예를 들면, 이나 벼룩이라면 누구나 당연히 그것이 무슨 쓸모가 있으려나 생각합니다. 그런데 옛날 문헌에서는 이를 갈아 으깨서 보리밥과 함께 먹으면 간질병 약이 된다든가, 벼룩은 동상에 약이 된다고 합니다. 또한 변소의 구더기는 어떻다든가, 누에는 그만한 진미가 없다는 등 이런 내용의 글이 책에 실려있었습니다. 누에 유충 정도는 먹는 방법에 따라서 누구든지 먹을 수도 있겠다는 생각이 들었지만, 날개가 있는 나방까지 먹을 수 있다는 사실에는 저도 놀랐습니다. 날개에 붙어있는 가루를 털어내고 먹으면 맛있다고 합니다. 어린 누에는 살아있는 누에만 아니라 병에 걸린 것이 특히 진미라고 나와 있더군요. 이처럼 맛에서나 약에서나 놀랄만한 일이 실제로 있는 것입니다.

인간의 먹을거리란 무엇인가

인간의 먹을거리는, 서양 영양학의 입장에서 이야기하면, "인간이 살아가기 위해서는 탄수화물, 단백질, 지방 등이 있어야만 하는데, 이런 것들은 하루 몇칼로리 이상 섭취하지 않으면 안된다" 이렇게 몇가지 기본항목을 마련하고, 이것을 인간의 생명을 기르는 재료라고 해석합니다. 그러나 이것은 서양 영양학적인 입장에서 본 먹을거리로, 인간의 진짜 먹을거리가 무엇인지는 사실상 아무도 모릅니다. 저는 요즘 자연식이라는 말이 많이 쓰이고 있기에 그것에 대해 조금 생각해보았는데, 앞에서도 말씀드렸듯이, 자연이 무엇인지 모르는 사람들이 자연식이 무엇인지 과연 알 수 있을까 하는 생각이 듭니다.

예를 들면 마늘, 파, 양파 등 백합과 식물 중에서도 가장 들풀에 가까운 달래라든가 부추 등이 영양가가 높고 약도 되고 강장제도 됩니다. 거기다 맛도 뛰어납니다만 일반인들은 개량된 파나 양파가 더 맛있는 것처럼 생각하고 있습니다. 무슨 이유에서인지 근대인은 자연으로부터 벗어난 쪽이 맛있다고 여깁니다. 하지만 그것은 건강 면에서 보더라도 대단히 좋지 않습니다. 동물 쪽을 보더라도 야생에 가까운 들새나 산새가 인공적으로 개량된 닭, 브로일러(broiler : 식육용으로 7~8주간 사육된 무게 1.8킬로그램 전후의 영계. 통거리로 구워서 판매된 데서 붙은 이름 — 옮긴이)보다 훨씬 몸에 좋고 맛도 좋습니다. 그런데 실제로는 개량된, 즉 자연으로부터 멀어진 것이 맛있다며 비싸게 팔리고 있습니다. 토종닭은 질기다, 어떻다 며 멀리합니다. 진짜 맛있는 참새나 들새, 산새 등은 무시하고 있는 것이 실상입니다. 젖에서도 마찬가지입니다. 산양의 젖이 우유보다도 가치가 높습니다. 그러나 가치가 낮은 우유가 시중에서 유통되고 있습니다. 고기도 쇠고기가 가장 많이 보급되어 다량으로 유통되고 있습니다. 그런데 사실 쇠고기는 산성이 제일 많은 식료품으로 인간의 혈액을 탁하게 만듭니다.

일반적으로 자연에서 멀리 떨어진 것을 맛있다고 하는 것은 결국 진짜 맛을 모르고 있다는 것을 의미합니다. 본인의 기호다 뭐다 하며 보통 얼버무립니다만, 한마디로 인간의 몸이 자연으로부터 멀어지면 멀어지는 만큼 반자연적인 먹을거리를 좋아하게 됩니다. 그렇게 되면 결국 자연에서 벗어난 것에서 균형을 취하지 않을 수 없게 돼버립니다. 그래서 알칼리성이 매우 강한 가지나 토마토를 취하게 되는 것입니다. 즉 산성과 알칼리성, 이 두가지를 조합해서 먹는 형태입니다. 과일로 이야기하자면 포도와 무화과가 가장 음성입니다. 그래서 음성인 포도주나 맥주에는 양성인 안주를 곁들입니다. 물고기로 말하면, 다랑어라든가 방어가 가장 값이 비싸지만 양성이 강하기 때문에 이것을 상쇄하기 위해서는 무즙 따위를 먹지 않으면 안됩니다. 이렇게 하여 양극단의 균형을 유지하고자 합니다. 이것은 대단히 어려운 일로서, 어떤 차원에서는 지장이 없다고 할 수 있을지 모르지만, 그물 던지기처럼 사실은 대단히 위험한 균형유지 방법입니다.

이런 균형유지 방법은 사실 위험할 뿐만 아니라 농부와 어부를 고생시키기도 합니다. 물고기만 하더라도 방어다 다랑어다 뭐다 하며 원양어업까지 해서 잡아오고 있습니다. 그러나 도미나 넙치 같은 작은 물고기 정도라면 가까운 바다에서도 잡을 수 있고, 이쪽이 사실은 몸에도 좋습니다. 강이나 연못 등에서 잡을 수 있는 미꾸라지, 뱀장어 등이 훨씬 몸에 좋습니다. 가장 좋은 것은 우렁이, 가막조개, 하천의 새우라든가 저습지의 게 등입니다. 이러한 것이 좋고, 바다의 커다란 고기일수록 몸에 나쁩니다. 결국 민물고기가 인간에게 가장 좋고, 그 다음이 가까운 바다의 물고기이고, 가장 나쁜 것이 깊은 바다나 혹은 먼바다 물고기인 것입니다. 인간이 힘들여 잡아오지 않으면 안되는 것이 사실은 제일 나쁜 것입니다. 가장 가까운 곳에 있는 것이 가장 좋습니다. 멀리 떨어진 것일수록 좋지 않습니다. 식양법(食養法)에는 신토불이(身土不二)라는 말이 있습니다만, 이것은 가까운 것을 취해 먹으면 해가 없다는 뜻입니다. 자신의 마을에서 나는 것을 먹으면 문제가 없다는 것입니다. 그런데 먼 곳이나 외국의 것까지 먹고자 함으로써 오히려 몸을 해치는 것입니다.

　자연은 색깔에 나타납니다. 과일도 색으로 판별이 가능하지요. 밤이나 호두 등의 갈색 과일, 그리고 가시나무과의 붉고 푸른 사과라든가 붉고 누런 감이나 비파, 자색의 포도, 무화과 등이 있습니다. 과일을 색깔로 보면 역시 갈색, 황색, 붉은색 등이 좋습니다. 청색이나 자색이 되면 음성 과일로서 몸에 좋지 않습니다. 그러나 세상사람들은 달고 맛있다는 점에서 푸르거나 자색인 포도를 상당히 고급 과일로 여기고 있습니다.

과일 색깔을 보면, 어떤 것이 좋고 어떤 것이 나쁜지 자연히 정해질 듯이 보입니다. 예를 들면, 갈색이나 밤색을 보면 사람은 양성을 느끼고, 역시 어두운 색을 보면 어두운 기운이 느껴집니다. 음성이라든가 양성이라고 하는 것은 인간의 감성과도 결부되어 있고, 몸의 원리와도 완전히 결합되어 있습니다. 색깔과 마음은 본래부터 하나이므로 나누어질 수 없습니다.

색깔(물질)만을 보는 서양 영양학에서도 세가지 색을 취하지 않으면 안된다고 합니다. 그러나 그것은 지극히 부분적이고 근시안적인 방법에 불과합니다. 당근, 가지, 토마토와 오이를 먹으면 좋지 않느냐는 것인데, 이렇게 되면 오히려 색깔에 유혹되거나 헷갈릴 뿐입니다. 더 큰 안목에서 조합하고 선택해야 합니다. 채소라면 채소의 원점, 과일이라면 과일의 원점, 고기의 원점, 어패류의 원점, 그리고 화본과 식물이라면 피, 기장, 보리, 벼 등 이렇게 원점에 가까운 것을 먹는 것이 중요합니다. 그렇게 되면 바쁘게 움직이지 않으면서도 먹고살 수 있습니다. 역시 욕망이 많으면 많을수록 그 욕망을 위해 움직이지 않으면 안되며, 시달리지 않으면 안되는 것이지요. 맛있는 것을 먹고자 하면 뛰어돌아다니지 않으면 안됩니다. 반면 진귀한 것을 먹고자 하지 않으면 기차나 배로 멀리까지 나다니지 않고도 먹고살아갈 수 있습니다.

결국 가장 간단한 방법은 제가 산에서 원시생활을 하며 사는 것과 같이 현미나 통보리를 먹는 것입니다. 조나 기장을 먹고, 그리고 계절마다 나는 제철의 산과 들의 산채, 혹은 야생 채소를 먹는 것입니다. 이것이 번다함 없이 살아갈 수 있는 가장 좋은 방법입니다. 이것은 가장 간단하고 자유로운 생활방법일 뿐만 아니라,

이러한 생활만 할 수 있다면 그것이 또한 최고의 진수성찬이 됩니다. 맛이 있고 향기가 강합니다. 그뿐만 아니라 몸에 좋고, 한가하게 살 수 있습니다. 삼박자가 맞는 일입니다.

그러나 사람들은 이것이야말로 가장 잘 먹는 것이라는 생각 속에서 반대방향의 먹을거리를 찾고 있습니다. 맛있는 것처럼 착각하며, 혀끝의 미각에 빠져서 인공이 많이 가미된 과일과 물고기, 채소, 포도, 멜론 그리고 먼바다 다랑어, 쇠고기를 먹습니다. 그러나 몸은 가장 위험한 상태가 되어갑니다. 거기다 그런 것들을 얻기 위해서는 매우 힘든 일을 하지 않으면 안됩니다. 자기 주위의 것을 먹는 것에 비교하면, 적어도 7배의 자원과 노력이 필요합니다. 곡물을 먹고사는 인종은 육식 인종의 1/7만 일해도 됩니다. 1/7의 면적으로 동일한 인구가 살아갈 수 있습니다. 일본이란 나라는 매우 좁다고 합니다만 일본인이 모두 곡물에 채식을 하게 되면, 지금 인구의 두배나 세배가 되어도 이 땅에서 충분히 먹고살아갈 수 있습니다. 하지만 육식을 하고 맛있는 것을 먹고자 하면 지금부터 10년 이내에 일본은 식량위기에 빠지게 될 것이 불을 보듯 뻔합니다. 30년이 지나면 절체절명의 식량부족 현상이 일어나 버릴 것입니다. 이처럼 식량위기의 문제는 인간이 무엇을 좋아하느냐, 어떤 것을 먹고자 하느냐에 따라서 결정되는 것입니다.

한뙈기의 논에서, 여기처럼 쌀과 보리 모두 1단보당 10섬 이상을 수확한다면, 5~10명이 먹고살 수 있습니다. 그러나 거기다 소를 키워 그 고기를 먹고자 하면, 요컨대 그 고기의 열량으로 살아가고자 한다면 1단보가 1명밖에 부양할 수 없습니다. 이처럼 맛있는 것을 먹고자 하면 많은 어려움이 뒤따르게 됩니다. 이러한 사실을 한사람 한사람이 자꾸 반성하지 않으면 안됩니다. 그러므로 일본의 농업정책도 우선 인간의 먹을거리란 대체 무엇이냐는 문제부터 먼저 파악하지 않으면 안되는 것입니다. 지금 일본의 농업정책은 실제로 인간의 먹을거리가 뭔지도 모르면서 "식량증산, 식량증산" 하고 있는 셈입니다.

식이는 고단백질일수록 좋다, 일본 쌀은 전분도 적고 미국 밀 쪽이 질도 좋고 영양가도 높다는 따위의 이야기가 돌고 있습니다. 그리고 쌀 중심에서 빵 중심으로 바뀌는 것이 생활 향상이라는 터무니없는 사상도 퍼지고 있습니다. 아닙니다. 현미 채식이 가장 못한 먹을거리인 것처럼 보이지만 오히려 영양 면에서 최고입니다. 게다가 현미 채식은 인간이 최고의 삶의 방식으로 살아가는 데 가장 가까운 섭생이므로 삶 그 자체가 자유롭고 즐겁습니다. 자연식의 원점에 관해서는 뒤에서 다시 말씀드리지요.

원점을 망각한 일본의 농정

이처럼 먹을거리의 근본을 알지 못했기 때문에, 전후(戰後) 농정을 보면 제일 먼저 보리농사를 그만두라고 했습니다. 그래서 보리재배는 우리 시야에서 사라졌습니다. 여담입니다만, 제가 10년쯤 전에 NHK의 우수 농가 선출에서 시코쿠 대표가 되느냐 마느냐 하는 갈림길에 있을 때의 일입니다. 심사하는 분이 이런 질문을 했습니다.

"후쿠오카 씨, 왜 보리농사를 그만두지 않습니까?"

저는 이렇게 대답했습니다.

"일본의 논에서 영양을 가장 많이 얻을 수 있는 것은 쌀과 보리입니다. 다른 어떤 작물보다 수량이 많고, 영양가도 높고, 거기다 재배하기도 제일 쉽습니다. 그래서 그만두지 않았습니다."

그러나 그때는 좌우간 일본의 보리는 미국 밀보다 두세배 비쌌고, 그래서 그처럼 비싼 보리를 재배하기보다는 싼 미국 밀을 수입하는 편이 좋다, 그러므로 보리농사는 그만두어야만 한다, 그만둬라, 제발 그만둬, 하고 농림부에서 열심히 선전하던 시절이었습니다. 그러나 저는 그때, 그만두지 않겠다고 하였습니다. 그러자 이처럼 완고한 사람은 우수 농가가 될 수 없다는 쪽으로 의견이 기울고 말았습니다. 생각해보면 참 우스운 이야기지요. 그래서 저는 이렇게 이야기했습니다.

"그런 이유로 우수 농가가 될 수 없다면, 우수 농가가 되지 않는 쪽이 오히려 좋겠다."

그러자 그때 심사위원 선생님들은 입을 모아 "후쿠오카 씨, 농림성의 의지에 반대하는 사람을 우수 농가로 뽑을 수는 없어요. 그러나 우리가 만약 교편을 놓고 농부가 된다면, 후쿠오카 씨와 같은 방식의 농사를 짓겠습니다. 즐겁게 그러면서도 수입을 올리는 쌀과 보리 농사를 하겠어요"라고 해서 웃었던 일이 있습니다. 하여튼 그렇게까지 보리재배 금지 방침이 철저했던 것입니다.

좌우간 농림성의 방침이나 일본 농정의 방침은 출발점이자 원점인 농업이란 무엇이냐는 문제, 무엇을 재배해야만 하느냐는 문제를 전혀 이해하지 못하고 있습니다. 쌀보다는 밀이 영양가가 높다고 누군가가 말하면, 곧 밀을 재배하라고 합니다.

40년쯤 전에는 미국에서 식빵용 밀을 들여올 수 없는 형편이었습니다. 그래서 그때는 밀농사를 지어 수입을 하지 말자는 운동이 전국에서 일어났던 적도 있었습니다. 당시 오카야마현 등이 농림부 밀 재배 시험지가 되어 미국 밀 씨앗을 들여와서 시험재배를 했습니다. 미국산 밀 씨앗은 수확 시기가 대단히 늦어 밀 베는 시기와 장마가 겹칩니다. 이렇게 되자 농부들은 대단히 불안정한 작물이라며 재배를 원치 않았습니다. 일본 재래의 쌀보리나 보리, 국수용 밀 등을 조금씩 재배하던 농부들에게 미국 밀을 억지로 떠맡겨 그것을 재배하게 하다가 벌어진 일입니다. 그래서 농민들은 "식빵용 밀은 불안정 작물일 뿐 아니라 병에도 약하다. 이삭이 여무는 시기가 늦은 관계로 수확 시기에 비라도 내리면 고생이 많고 썩기도 한다. 미숫가루로 만들어 입에 넣으면 목이 메어서 기침과 함께 입 밖으로 튀어나온다. 밀만큼 농사짓기 어려운 작물은 없다"고 불평을 하면서도 참고 견디며 밀농사를 하였습니다.

그런데 미국산 밀가루가 조금씩 수입되기 시작하며 일본 보리 값이 그에 견주어 비싸지니까 이번에는 보리재배를 그만두라고 농림성은 말하기 시작했습니다. 수입밀보다 일본 보리 값이 비싸다고 하지만, 미국산 밀이 수입되면서 그에 따라 일본산 보리 값도 떨어졌습니다. 이런 이유로 농부들은 아무런 부담 없이 바로 보리농사를 그만둬버렸습니다. 현재 산요오(山陽) 가도로부터 도카이도(東海道) 연변에 보리가 보이지 않는데, 그것은 농부들 스스로 그만뒀다기보다는 40년 전에 농림성이 무리하게 농민에게 그 지대에 밀을 심게 했던 것이 원인입니다. 하지만 시코쿠로 건너오면, 가가와(香川)현이나 에히메현에는 아직 다소 보리가 남아있습니다. 이곳에 보리가 남아있는 이유는 단순히 품종이 쌀보리이기 때문입니다. 여기 것은 5월에 벨 수 있습니다. 장마를 만나지 않고 벨 수 있기 때문에 비교적 안정된 수확을 얻을 수 있고, 그래서 보리농사가 아직도 이어지고 있는 것입니다. 정부에서 농민에게 미국산 밀을 재배하게 한 것이 일본의 밀농사뿐만 아니라 보리농사까지도 망하게 한 화근이 되었습니다.

40년쯤 전에 밀을 심어라, 밀을 심어라 하며 정부에서 외국 밀을 재배하게 하였지만 무리한 일이었으므로 마침내는 그만두게 된 것입니다. 그와 함께 식료나 사료용으로 쓰이던 쌀보리, 국수용 밀도 일본 보리보다 미국산 보리가 사료 가치가 높은 것처럼 선전하는 바람에 맥이 풀린 농부들은 그만둬버렸습니다. 게다가 점차 문화수준이 높아지자, 고기와 달걀을 먹고 우유를 마시고 빵을 먹어라, 그것이 서양 영양학과 합치된다는 의견이 일본사회를 지배하게 되었습니다. 그에 따라 외국으로부터 사료용 옥수수라든지 콩이나 보리 따위가 수입되었습니다. 그러다가 10년쯤 지나서 먹을 보리가 부족하게 되자 이번에는 자급용 보리를 재배하라는 이야기를 하기 시작했습니다. 올해에는 보리재배 농가에 장려금을 주겠다고 합니다. 그러나 그냥 재배하라고만 해서는 안됩니다. 근본 방침의 확립과 혁신적인 농법이 선결되지 않으면 안됩니다. 그 점을 소홀히 한 채 그동안 일본 농업정책은 일본의 작물을 일본에서 내쫓고 일본의 농부를 논밭에서 추방하는 정책을 펴왔습니다.

또한 가급적 소수의 농부가 능률적인 방법으로 농산물을 대량 재배할 수 있으면 그것이 곧 농업의 발전이라 생각했기 때문에, 종전 직후에는 인구의 70~80퍼센트가 되던 농민이 40~50퍼센트가 되었고, 마침내 30퍼센트가 되었다가 현재는 20퍼센트를 깨고 17퍼센트 정도가 되었습니다. 다시 더 내려서 10퍼센트 이하로 떨어뜨리자, 미국이나 유럽과 같이 4퍼센트 선까지 떨어뜨리자는 것이 농림성의 목표입니다. 전 인구의 10퍼센트만을 농부로 하고 그 이상은 없애버리자는 것이 근본 방침입니다.

저는 사실 국민 모두가 농부가 되는 국민개농(國民皆農)의 세상이 이상적이라고 생각합니다. 전 국민이 농부입니다. 일본의 농지는 정확히 1인당 1단보입니다. 누구나 1단보씩 소유케 합니다. 5인 가족이라면 5단보를 가진다는 것이죠. 옛날 그대로 5단보 농민의 부활입니다. 5단보까지 가지 않더라도 1단보로 집을 짓고 채소를 재배하고 쌀농사를 지으면 5~6인 가족이 먹고살아갈 수 있습니다. 자연농법으로 하면 일요일의 여가 정도 농작업으로도 농사를 지을 수 있는데, 그것으로 생활의 기반을 세우고, 나머지 시간은 하고 싶은 일을 하자는 것이 제 제안입니다.

현미나 보리밥이 싫은 사람에게는 일본에서 가장 재배하기 쉬운 쌀보리로 만든 보리밥이나 빵도 좋겠지요. 이것이 즐겁게 살며 나라를 극락으로 만들 수 있는 가장 손쉬운 방법이라고 저는 생각합니다. 그런데 현재의 농정은 이것과는 정반대입니다. 수를 줄여서 소수의 사람들이 농사를 짓도록 하는, 말하자면 미국식으로 하자는 것이 목표입니다. 그렇게 하면 능률이 오를 것처럼 생각하고 있지만 잘못된 생각입니다.

기업농업은 실패한다

사실을 말하면, 근대농법이라든가 기업농업이라는 말이 나왔을 때 저는 그것에 철저하게 반대했습니다. 상인들의 경우 원가가 얼마인 물건을 가공하여 얼마를 남기고 파는, 말하자면 이윤을 남기고 파는 것이 원칙입니다. 그런데 일본 농업은 그렇지 않습니다. 비료나 농기구나 농약과 같은 모든 농자재를 농부는 저쪽 즉, 공장이나 농협에서 정한 가격에 사 옵니다. 그런데 그것들을 사용하여 재배한 생산물을, 농부들은 원가가 얼마가 되었든 전부 상인에게 맡기고 있습니다. 그리고 쌀은 정부가 정한 가격대로, "아아, 그렇습니까"라며 팔고 있는 실정입니다. 그러므로 돈을 벌겠다고 하는 원칙으로는 안되는 것입니다.

본래 기업농이란 뿌리가 없는, 공중에 뜬 농업입니다. 기업농이란 일본, 즉 동양의 방식이 아닙니다. 농부는 돈벌이를 하지 않고도 재산을 늘려갈 수 있습니다. 한그루의 삼나무를 심으면 한해 두해 자라서, 일년 동안에 쌀로 환산하면 한홉에서 두홉 정도 늘어납니다. 한그루의 삼나무에서 1~2홉의 쌀이 나올 수 있다는 것입니다. 한알의 볍씨를 뿌리면 100알에서 200알이 됩니다. 이것으로 족합니다. 이러한 사고방식으로 노력하면 먹고살 수 있고 재산을 늘려갈 수도 있으므로 그것을 즐기며 살아가면 그것으로 족한 것입니다. 그런데 돈을 벌겠다고 하면 반드시 경제 페이스에 휘말려들게 되며 실패합니다. 오늘날의 근대농법이라고 하는 것은 자연을 도와서 자연의 은혜를 수확하는 것이 아니라 질소, 인산, 칼륨을 조합해서 쌀을 만들고 채소와 과일을 만듭니다. 저는 이것을 농업이 아니라 가공업이라고 부릅니다. 물론 그런 농사를 짓는 사람은 가공업자가 됩니다.

근대농업 역시 자연을 살리고 그것을 이용한다고 하지만 사실은 그렇지 않습니다. 자연을 발판으로 삼아 자연을 흉내내는 것에 지나지 않습니다. 인공적인, 자연에 유사한 가짜 물건을 만들어내고 있는 것에 지나지 않습니다. 그래서 같은 채소라도 먹어보면 우선 맛이 다릅니다. 질소와 인산과 칼륨의 합성품이기 때문입니다. 질소, 인산, 칼륨이 변형되어 채소의 맛이 되는 것입니다. 채소 씨앗에 질소, 인산, 칼륨을 흡수시켜 만든 일종의 합성품이며 가공품입니다. 달걀도 닭이 낳은 것이 아닙니다. 합성 사료와 농약과 호르몬제 따위를 마구 섞은 것이 알이라는 형태로 변형된 것에 지나지 않습니다. 그러므로 이것은 자연의 산물이 아닙니다. 자연란과 흡사하게끔 인간이 사료와 농약을 사용하여 합성한 하나의 가공품에 지나지 않습니다. 모두 비료나 농약의 가공제품에 지나지 않습니다. 하여튼 이러한 가공생산품을 만들고 있는 이상 벌이가 될 수 있다면 벌이가 되도록 계산을 하지 않으면 안되는데, 실상은 그렇게도 못하고 있습니다. 결국 계산도 할 줄 모르는 상인인 셈입니다. 그렇게 되면 바보 취급을 하며 다른 쪽에서 이익을 가져가버립니다.

이러한 것이 현재의 농업 현실이지요. 옛날에는 사농공상(士農工商)이라고 해서 농업이 상업이나 공업보다 원점에 가까웠다고 할까, 신에 가까운 입장이었어요. 즉 신의 측근이라고 말해지고 있었어요. 그래서 일하지 않고서도, 주변의 산과 들이 주는 것만으로도 먹고살 수 있었던 것입니다. 그러나 현재는 돈을 벌겠다며 첨단의 시류를 타는 실정입니다. 과일로 말하면 포도나 토마토 혹은 멜론을 재배한다거나, 물고기로 말하자면 자연어업보다는 양식어업이 좋다는 등, 육우를 기르는 쪽이 이익이 많다는 등 농업이 이익을 쫓아다니는 우스운 꼴이 되었습니다. 농업이 경제 페이스에 휘말려 마구 휘둘리고 있습니다. 이러한 돈벌이 농사는 가격면에서나 다른 여러 면에서 변동이 심하기 때문에 이익을 보기도 하고 손해를 입기도 합니다. 그러므로 옛날에는 바보라도 할 수 있다던 농부가 지금은 영리한 상인 이상의 상인이 될 수 없으면 농부가 될 수 없는 데까지 왔습니다. 그래서 기업농업이라는 말도 나오게 된 것이지요. 그러나 그 길은 망하는 길입니다. 지금 일본 농정은 근본 방향을 잃고 불안정하기 이를 데 없는 첨단적인 것을 목표로 나아가고 있습니다. 농업이 농업 원리를 떠나서 상업이 되어가고 있습니다.

이른바 옛날의 농본주의 쪽이 일본의, 동양의 농법입니다. 지금은 그것을 전부 비능률적이라고 보고 있는데, 사실은 그렇지 않습니다. 제가 요즈음 산에 닭을 놓아기르며 생각한 것입니다만, 예를 들면 백색 레그혼이라는 개량종 쪽이 능률이 좋은 것처럼 보통 생각합니다. 1년에 200일 이상 알을 낳기 때문에 능률이 좋다고 말하는 것입니다. 그러나 백색 레그혼은 일년이 지나면 쓸모가 없는 폐계가 됩니다. 토종닭(토사나 에이메현 남쪽 지방 등에 많았던 샤모라든가 당닭과 같은 갈색이나 검은색의 닭 — 옮긴이)은 옛날부터 산란율이 반밖에 되지 않습니다. 이틀에 한번밖에 알을 낳지 않습니다. 알도 작습니다. 그래서 산란 능률이 나쁘다고 생각합니다. 하지만 실제로는 그렇지 않습니다. 수컷 한마리에 암컷 두마리를 키워 보았는데, 일년이 지나고 보니 어느 사이에 스물네마리의 병아리가 부화되어 있더군요. 암컷 두마리가 병아리를 깐 것이지요.

나중에 두마리는 없어지고 스물두마리가 되었습니다. 일년 사이에 열배로 늘어난 것이지요. 백색 레그혼이 산란율에서 토종닭보다 앞선다고 하지만, 닭장에서 사육되고 있는 백색 레그혼은 일년이 지나도 한마리 그대로입니다. 그런데 토종닭은 어느 사이엔가 한마리가 열마리가 됐습니다. 산란율이 나쁘다고 생각했던 때도 실은 쉬고 있었던 것이 아닙니다. 둥지에 틀어박혀서 한번에 5~6개의 알을 품에 품고 있었던 것이지요. 그래서 그 기간은 알을 낳을 수 없지만 병아리를 까는 것입니다. 그것을 계산에 넣고 일년이라는 긴 날에서 산란율이 낮다는 토종닭 열마리와 백색 레그혼 한마리를 비교해보면, 토종닭 열마리 쪽이 오히려 산란율이 좋습니다. 그리고 알이 작다고 하지만 절반 이하의 것은 없습니다. 결국 토종닭 쪽이 좋다고 할 수 있습니다. 또한 외국에서 사료를 가져다 기를 경우에는 역시 백색 레그혼 쪽이 보다 능률적이 아니겠느냐 싶지만, 놓아기르면 닭들이 스스로 모이를 해결하므로 사료는 거저지요. 이렇게 되면 역시 수가 늘어나는 토종닭 쪽이 좋다고 할 수밖에 없습니다.

  그러므로 일본 축산 등도 이러한 자리에 원점이 있는 것이 아닐까 저는 생각하고 있습니다. 서양풍의 계산이나 경제에서 보면 확실히 비능률적으로 보이던 것이 역방향에서 보면 오히려 능률적인 것이 됩니다. 자연에 더 가까운 것이 더 능률적이라는 겁니다. 그래서 저는 케이지에서 기르던 폐계를 가져와 산에 놓아먹임으로써 기사회생을 꾀함과 동시에 일본 토종닭을 늘리는 운동도 하고 싶습니다.

누구를 위한 농업기술 연구인가

놀랍게도, 식품이라고 하는 것이 무엇인지 제대로 알고 있는 사람이 별로 없습니다. 그렇기 때문에 농업의 목표가 확고하게 정해지지 않은 채 아침저녁으로 변하는 것입니다. 농업의 목표가 정해져 있지 않기 때문에 농업기술자의 연구 테마 또한 그처럼 요동쳐 온 것이지요. 대부분이 무엇을 연구해야 하는지, 목표를 제대로 파악하지 못한 채 연구에 임하고 있는 경우가 많습니다.

실은 제가 벼, 보리의 직파 재배, 다시 말하면 땅 갈지 않고 씨앗 바로 뿌리기 재배법을 시작할 당시 수확은 낫으로 할 것을 전제로 하고 있었기 때문에 줄뿌리기에 점뿌리기를 하여 마치 모내기를 한 것처럼 곧은 줄뿌리기를 하고 싶었습니다. 그래서 저는 직접 파종기를 만들어보았어요. 경험이 없었기 때문에 고생이 많았습니다. 그렇게 해서 만든 파종기를 농업시험장 농기구계 쪽에 보내보았어요. 그러나 그때는 이미 대형기계 시대에 접어든 때라 농림성은 미국식 대형기계를 보급하려고 하고 있었습니다. 그래서 이번에는 농기구 회사에 가보았습니다만 그 회사에서는, 농부들이 '땅을 갈지 않고 씨앗을 뿌리는 파종기'를 보면 20~30만엔씩 하는 경운기가 필요없지 않느냐는 생각을 하게 될지 모른다, 게다가 이 손수 만드는 직파기는 기껏해야 한대에 1,000엔밖에 남지 않는다, 후쿠오카 씨가 고안한 아이디어의 특허는 사들이겠지만 만들 의사는 없다는 이야기를 하더군요. 현재는 모내는 기계나 경운기를 더욱 개량 또는 대형화하여 비싼 가격에 팔려고 하고 있기 때문에 그것에 역행하는 무경운 직파 혹은 직파기 따위에 관심이 없다는 이야기였습니다. 또한 농업기술자 역시 이렇게 시대에 역행하는 농기구 개발에 관여하고 있을 경우, 뒤에 퇴직했을 때 갈 곳이 없어진다며, "후쿠오카 씨, 애석하지만 이런 사정을 이해해주시기 바랍니다"라는 것이었습니다. 이런 연유로 결국 지금까지 제가 낸 특허는 잠재워둔 채, 시대의 요청에 따라 아주 쓸데없는 연구들만을 진행하고 있는 실정입니다.

농약과 비료도 마찬가지입니다. 농업기술자들이 적극적으로 생산자와 소비자의 문제를 고려해서 비료나 농약을 개발하기보다는 자신들의 이익이 우선인 것입니다. 시험장을 그만둔 뒤 관련 회사에 들어간 기술자는 어디까지나 눈앞의 변화에 지나지 않는 새로운 농약이나 비료를 개발하여 더 많이 팔고자 하는 것을 목표로 합니다. 그래서 정말로 농민을 위한 농약이나 비료를 개발하고 있는 것이 아니라는 말을 자주 듣게 되는 것입니다.

최근 농림성의 한 지도관과 이야기를 나누었는데 이런 이야기를 해요.

"온실재배 채소가 요즈음 대단히 맛이 없다, 겨울에 나는 가지나 오이 등에 영양이 없고 맛이 없다는 이야기를 자주 들었다. 그래서 이 연구에 착수했는데, 연구결과 자외선이 통과하지 않는 비닐이나 유리 속에서 재배하기 때문에 그러한 현상이 일어난다는 것을 알아냈다. 그래서 현재는 여러가지 빛을 연구하여 비타민이 풍부한 채소를 만드는 연구를 하고 있다."

이것 역시 겨울에 가지나 오이를 꼭 먹어야 하느냐는 생각을 먼저 해야 합니다. 이런 근본문제를 멀리 내던져둔 채, 겨울이라는 때 아닌 때에 채소를 재배하면 값을 더 받을 수 있다는 이유만을 좇아가고 있습니다.

그러한 재배방법을 누군가가 개발합니다. 개발해서 얼마 동안 재배해보면서 거기에는 영양이 없다는 것을 알게 됩니다. 그러면 기술자는 곧 대책을 강구합니다. 연구결과 광선이 그 원인이었다는 사실을 알게 되면 곧 그 광선을 연구합니다. 그리고 매우 커다란 시설 설비와 기계를 사용해서 새로운 광선을 식물에 비춰줍니다. 그렇게 해서 비타민이 든 가지를 만들어내면 되지 않느냐고 생각합니다. 그런데 이 가지에는 재료와 노력이 막대하게 들어가기 때문에 이제까지의 온실 가지보다 값이 비싸집니다. 비타민이 들어있다든가 또는 영양가가 높은 가지라고 하면 비싼 가격에 팔 수 있을 것이라고 생각합니다. 팔아서 수지가 맞으면 그것으로 족하다고 생각합니다. 저는 그 농업기술 지도관에게, "태양은 두개나 필요한 것이 아니다, 하나로 족하다"고 놀렸는데, 그래도 그것이 시대의 요청이라고 한다면 기술자는 그것에 일생을 바쳐야 한다는 것이 그분의 의견이었습니다. 그러나 저와 이야기하는 가운데 그분도, "정직하게 말하면, 역시 태양 광선에는 따라가지 못한다는 것을 증명하는 것이 진짜 목표다"라고 말씀하셔서 저도 안심했지요.

결국 인간은 아무리 자연을 흉내내며 자연을 앞지르고자 해도 자연 이상의 것은 개발할 수 없다는 것입니다. 자연의 들풀 이상의 채소는 나올 수 없다는 뜻입니다.

자연을 어긴 방식으로 재배한 불완전한 채소는 먹어도 확실히 맛이 떨어지고 건강에도 오히려 해가 됩니다. 그것은 인간의 일시적인 욕망을 만족시키는 데는 도움이 되지만, 결과적으로 인간의 체력을 약화시키며 더구나 그것을 먹지 않으면 안되는 체질을 만들기도 합니다. 이와 같은 이유에서 약과 함께 먹지 않으면 안되는 경우도 발생합니다. 반(反)자연적인 연구는 농민을 골탕먹이고 소비자를 고생시킬 뿐입니다. 긴 안목에서 보면, 이와 같이 신토불이의 원칙에서 벗어난 부자연스러운 식품을 재배하는 일은 비극일 수밖에 없습니다. 그러므로 연구자나 기술자는 현재 그 비극에 손을 빌려주고 있는 사람이라고 할 수도 있는 것입니다.

자연을 섬기기만 하면 된다

근본적으로 농업기술자는 기술자이기 이전에 철학자이지 않으면 안됩니다. 인간의 목표는 무엇이냐는 문제와 인간은 어떤 것을 재배해야만 하느냐는 문제를 먼저 파악하고 있지 않으면 안됩니다. 의사도 인간은 무엇에 의지해서 살아가고 있느냐는 문제를 먼저 이해할 수 있을 때, 비로소 의료 방침을 결정할 수 있습니다. 인간은 영양 배분이나 비타민에 의해서 살아가고 있다는 사고방식은 하나의 착각에 불과합니다.

그리스도가 사람은 빵만으로 살아가는 것이 아니라고 했는데, 이것은 인간은 육체적인 동물이 아니라 정신적인 동물이라는 단순한 사실을 이야기하고 있는 것이 아니라고 저는 봅니다. 그 말에는 더 크고 깊은 뜻이 있다고 봅니다. 인간은 식품 따위에 의해서 살아가는 것이 아니라는, 한마디로 말하면, 인간은 식품이라는 사고방식을 버려도 상관없다는 것입니다. 무엇이 식품인지 모른다면 몰라도 좋다는 것이지요. 어쨌든 이 지상에 태어났고, 그리고 살아가고 있다는 현실을 직시하라는 말이라고 저는 해석하고 있습니다.

현재 인간이 이 지구상에 계속해서 태어나고 있는 것은 태어나야만 할 동기와 조건 그리고 인연이 있어서 태어나는 것입니다. 그리고 살아간다고 하는 것도 일단 태어난 결과에 지나지 않습니다. 어떤 것을 먹으며 살고 있다든가, 어떤 것을 먹지 않으면 살아갈 수 없다는 생각은 인간의 좁은 생각입니다. 자연에 맡겨두면 죽을 리가 없어요. 자연의 힘에 의지하고 있기만 하면, 자연에 따르는 생활을 하고 있기만 하면 인간은 살아갈 수 있도록 만들어져 있다는 확신을 갖는 것이 선결 과제입니다. 그것이 최초의 원점인 것입니다. 그것을 망각할 때 인간은 탄수화물과 지방과 단백질로 살아가게 되는 것입니다. 질소와 인산과 칼륨을 주고 거기다 물을 주면 식물은 살이 오르며 성장한다는 이런 단순한 과학지식이 토대가 되어, 인간이 살고 식물이 살고 있다고 여기는 것은 정말 어처구니없는 생각입니다.

과학자는 연구를 통해서 결국 자연이란 이미 완전무결하다는 것을 알게 될 뿐입니다. 연구를 하면 할수록 자연은 신비한 세계라는 것을 깨닫게 됩니다. 인간이 자연을 모방해서 자연 이상의 것을 만들 수 있다고 여긴다면 그것은 정말 터무니없는 착각입니다. 그것은 또하나의 비극의 재료를 만드는 데 지나지 않습니다. 인간은 하느님의 사랑이라고 할지 자연의 위대함을 알기 위해 고군분투하고 있을 뿐이라고 보면 틀림없습니다.

그러므로 농부가 일을 한다고 할 경우엔 자연을 섬기기만 하면 그것으로 족합니다. 농업을 성스러운 직업이라 했습니다. 그것은 농업은 신의 시종으로서 신에 봉사하는 역이기 때문에 성스러운 직업, 즉 성업이라고 하는 것입니다. 이 역할을 잊어버린 사람들이 근대농업이라든가 기업농업이라며 신의 측근으로서 해야 할 일을 잊어버리고 이익을 앞세웁니다만, 그것은 이미 농업의 원리를 망각한 채 상인으로 전락한 처사라고 아니 할 수 없습니다.

물론 상인이 되든 무엇이 되든 좋지만, 그런 일은 인간의 진정한 목표에서 멀리 떨어져 있다는 데 문제가 있습니다. 인간의 목표에 가까운 직업으로서 농업이 좋다는 것은, 첫째 자연이 있고 자연 속에서 산다는 점입니다. 자연 속에 있으면서도 자연을 깨닫지 못하는 것이 보통이지만, 그렇더라도 자연 속에 있다고 하는 것은 신에 가까이 갈 기회가 많다는 것을 의미합니다. 자연 속에서의 나날, 그것이야말로 농부의 기쁨입니다.

이런 노래가 있습니다.

"이 가을 / 비가 올지 / 바람이 불지 / 알 수 없지만 /
오늘 내가 할 일은 김매기라네."

이 노래가 사실은 농부의 진짜 기분을 표현하고 있습니다. 수확량은 얼마나 될까, 벌이가 좀 될까, 올 가을은 좀 먹게 될까 어떨까 등등의 걱정은 별도의 문제입니다. 다만 오늘 하루의 일에 전념해서 씨를 뿌리고 자연의 활동에 따라서 작물을 애호하면서 작물과 함께 생활해가는 그 자리에 농부의 기쁨이 있습니다. 살아가는 것만으로도 기쁜 것입니다. 그것을 음미하는 것이 농부의 생활방식이고 그것이 진정한 농부의 모습이었다고 생각합니다.

일본인은 무엇을 먹어야 하는가

 극단적으로 말하면 농림성은 단지 한가지 사실을 밝히는 노력만 하면 됩니다. 그것은 일본인은 무엇을 먹어야 하느냐 하는 문제입니다. 이 의문이 풀어지면 일본에서는 어떤 작물을 재배해야 하는지를 알 수 있는데, 그것으로 족하다고 저는 봅니다. 이케다(池田) 전 수상이 "가난한 사람은 보리를 먹으라"고 해서 상당히 문제가 되었던 적이 있습니다. 그런데 만약 "일본인이여, 보리를 먹자"라고 했다면, 그것은 훌륭한 발언이 아니었겠느냐고 저는 생각합니다. 좌우간 농림성은 무엇을 먹어야 하는가 하는 문제를 결정하지 않은 채, 줄곧 딴짓을 하고 있습니다. 호주에서 소나 말고기를 들여오려면 어떻게 하는 것이 좋을까, 미국산 과일을 수입하는 것은 어떨까 등등 이러한 문제를 열심히 논의하고 있습니다. 어떤 것을 먹어야 하는지 모르기 때문에 먼 곳까지 가서 운반해 옵니다. 깊은 바다의 물고기를 들여온다, 남방의 바다에 가서 새우나 게를 잡아다 먹는다며 고생하고 있는 실정인데, 인간은 진짜 무엇을 먹어야 하는지 또한 무엇을 먹으면 충분한지, 그것으로 어느 정도의 기쁨과 즐거움이 얻어질 수 있을 것인지, 이렇게 먹을거리의 종류나 맛 그리고 먹는 데서 오는 기쁨이라는 것은 도대체 무엇인가 하는 문제를 철저히 추구해가는 것이 농업정책을 맡고 있는 사람들의 최초의 일인 동시에 최후의 일이라고 저는 봅니다. 그러나 농림성은 이러한 근본문제를 등한한 채, 시대마다 바뀌는 인간의 욕망을 좇아서 농산물을 생산하도록 농민들에게 명령하고 있습니다. 그리고 그러한 농산물의 수급이나 유통관계만을 고려

하는 것이 농업정책이라 여기고 있습니다.

이런 이유로 농업기술 지도자도 인간생활의 최종 목표 따위는 생각도 하지 않습니다. 다만 벌이가 되는 작물을 어디에 어떻게 재배할까, 어떻게 대량재배할 수 있을까 따위의 문제만을 목표 삼아 연구하고 있습니다. 농업기술 지도자도 인간에게 정말 도움이 되는 작물이란 무엇인가 하는 문제를 확실히 인식하고, 또 그 작물을 재배할 경우에는 어떻게 하면 자연의 힘을 최대한 발휘하고 인간의 노력을 최소화할 수 있는지를 연구하지 않으면 안됩니다. 옛날에는 어떻게 하면 농부들이 편하고 즐겁게 농사를 지을 수 있도록 도울 수 있겠느냐, 소위 응원을 할 수 있겠느냐를 연구하는 일이 농업기술 지도자들의 최대 역할이었습니다. 그러나 현재는 그것이 거꾸로, 곧 고생스런 농사를 향해 나아가고 있습니다. 인간의 욕망을 추종하는 연구를 하며 그것으로 농부를 힐타하고 독려하는 모양이 돼왔습니다. 농정학자나 농업기술 지도자는 여태까지처럼 남쪽 나라에서는 고기를, 동쪽 나라에서는 과일을 수입하는 일에 급급하기보다는 일본의 기후·풍토 속에서 재배할 수 있는 모든 식품류를 철저히 연구하고, 그것이 일본인의 생명과 건강에 어떤 도움이 될 것이냐 하는 문제를 해명하는 데 목표를 두어야 합니다.

농림성 관리들은 봄이 되면 바로 야산 등에 나가서 봄의 일곱가지 풀을 뜯고 또 여름이면 여름의 일곱가지 풀, 가을이면 가을의 일곱가지 풀을 뜯어서 그것을 먹어보는 일부터 시작해서 실제 인간의 먹을거리의 원점이란 어떤 것이냐는 문제를 먼저 확인할 필요가 있습니다. 자연식 연구 등을 우선 출발점으로 삼지 않으면 안될 것입니다. 뭔가 색다른 먹을거리를 만들고 그것을 소비자가 맛있다고 좋아하면 그들에게 그것을 비싸게 팔 수 있기 때문에 농부가 이익을 보게 되지 않겠느냐는, 이러한 생각이나 목표는 곧 터무니없는 일을 자초하여 식량위기를 초래할 뿐입니다. 또한 국민의 건강을 훼손시키며 약화시키게 될 뿐입니다. 심신 양면의 붕괴가 이처럼 먹을거리의 혼란에서부터 비롯된다는 것을 우리는 깨닫지 않으면 안됩니다.

쌀과 보리와 채소만으로도 충분하다는 사고방식이 공유되면 일본의 농업은 그것만을 재배하면 됩니다. 그리고 그것만 재배해도 좋다는 삶의 방식이 공유되면, 그것은 더없이 즐거운, 소위 농부라는 이름이 붙지 않은 보통 사람이라도 할 수 있는, 놀이와 같은 농법으로도 일본의 식량문제는 해결됩니다. 만약 모든 사람이 그것으로 만족할 수 있다면, 인구가 두배나 세배가 되더라도 자급체계를 유지할 수 있습니다. 이렇게만 농업문제를 간소화할 수 있다면 공무원이나 농업기술 지도자는 1/10로 줄일 수 있고 세금이 필요없는 일본을 만들 수 있습니다.

이것은 또한 농업뿐만 아니라 임업에서도 마찬가지입니다. 일본의 삼림자원을 소중하게 육성하기보다 호주나 아프리카 등지에서 목재를 가져오면 그것으로 족하지 않을까라는 사고방식이 널리 퍼진다면 그 즉시 일본 임업의 미래는 사라집니다.

사라진 농부의 정월 휴일

농업 또한 각 나라가 분업을 해야 한다는 것이 현재 농업경제학의 지배적인 생각입니다만 농업이란 본래 특수한 지역에서 소수의 사람들이 나눠 할 수 있는 것이 아닙니다. 모든 사람이 자신의 생명의 양식을 손수 농사지으며, 또한 그러한 삶을 음미하면서 하루하루 살아가는 것이 본래의 삶이었습니다. 다른 사람에게 맡길 수 있는 것이 아닙니다. 이를테면 일부 사람이 농사를 짓고, 고기는 어떤 나라, 과일은 어떤 나라, 물고기는 어디서 잡으면 좋다는 식의 국제분업적인 사고방식은 인간생활의 원점을 크게 망각한 정책이라고 말하지 않을 수 없습니다.

지금까지의 농업은 소농(小農)으로는 안된다, 소농이란 원시농업이다, 그것에서 하루빨리 탈피하여 면적을 확대하여 근대적인 농법을 도입해야 한다, 그러기 위해서는 소농에서 미국과 같이 기계화된 대농장 경영방식으로 바꾸지 않으면 안된다는 것이 일반 농정학자나 농업기술 지도자의 주장이고 생각이었습니다. 농업뿐만이 아니라 온갖 분야의 개발이라는 것도 모두 그러한 방향으로 진행되고 있는 것이 실상입니다.

그런데 지금 우리는 작은 것보다 큰 것이 좋다는 관념을 근본적으로 반성하지 않으면 안되는 시기에 이르렀습니다. 크다고 해서 반드시 큰 것이 아니고, 작다고 해서 반드시 작은 것이 아닙니다. 오히려 작은 것보다 큰 것이 좋고, 적은 것보다는 많은 것이 좋다고 하며 계속 욕망을 확대해온 것이 이 세상에 일어나고 있는 온갖 문제들의 근본원인입니다. 맹목적으로 확대와 발전만을 숭배하면 분열과 파괴라는 위기현상이 뒤따르게 됩니다. 이렇게 분열과 붕괴의 위기에 처하고서야 비로소 인류는 깨닫게 됐습니다. 확대와 강화에 따른 화려한 발전이 도리어 인간 붕괴의 길에 다름 아니었다는 것을. 결국 그것은 자연으로부터 인간의 이탈을 재촉하는 데 도움이 되었을 뿐이라는 것을.

이제 우리는 물질의 발전이 아니라 인간을 주체로 원심적 확대의 방향에서 구심적 응결의 방향으로, 수렴이라고 합니까, 그런 방향을 향해 나아가는 것을 목표로 하지 않으면 안되는 시기에 와 있습니다. 이른바 물질을 좇아서 물욕을 충족해가는 방향에서, 물욕을 버리고 구심적으로 정신적인 향상과 발달을 목표로 하는 이른바 수렴의 시기에 접어들었다고 말할 수 있는 것입니다. 농업에서도 다만 확대가 능사가 아닙니다. 오히려 작은 면적에서 즐겁게 농사를 지으며 물질생활이나 식생활은 가장 간소하게 합니다. 그렇게 하면 일도 즐겁고 시간적인 여유도 많아집니다. 정신적으로, 육체적으로 여유가 생기는 것입니다. 그 여유를 물질문명이 아니라 진정한 문화생활로, 높은 차원의 정신생활로 연결시키지 않으면 안됩니다. 그러한 시대에 들어섰다고 저는 봅니다.

농부가 농업 규모를 확대하면 확대할수록 물심양면으로 고달파지며 결국 정신생활과 멀어집니다. 그리스도는 마음이 가난한 자는 신에 가깝다고 했습니다. 마음이 가난한 자란 마음이 소박한 사람을 일컫는데, 그 위에 물질적으로 가난한 자가 더 신에게로 가까이 가기 쉽다는 뜻입니다. 하여튼 진정으로 인간다운 생활이란 오히려 원시생활과 같아 보이는, 이른바 소농 생활 속에 있고, 그 소농 생활 속에서야말로 대도(大道)를 연구할 수 있는 것입니다. 가장 작은(最小) 세계에 철저하면 가장 큰(最大) 세계가 열리게 된다고 저는 봅니다. 근대농법을 하면서 시나 노래 등을 읊조린다거나 쓴다거나 하는 여가는 정말 얻기 어렵습니다.

옛날의 5단보 농부는 빈농이면서도 해가 바뀔 때쯤이면 할 일이 없어서 1월부터 3월까지는 쉬며 산토끼 사냥을 하는 것이 고작이었습니다. 그만큼 여유가 있었던 것이지요. 본시 정월이란 옛날에는 3개월이었습니다. 그것이 2개월이 되고 1개월이 되었습니다. 그리고 보름이 지나면 정월은 끝이라며 시메카자리(注連飾: 설을 맞는 표지로 금줄을 치는 일 - 옮긴이)를 치우는데, 이것도 근년의 일입니다. 요즈음은 사흘 정월이 되어버렸습니다. 그 사흘 정월도 농촌에서는 사흘 모두 쉬는 경우는 거의 없고, 이틀이 되고 하루가 되고 있는 실정입니다. 그만큼 단축되었어요. 정월 휴일이 이만큼 단축되었다는 것은 농부가 그만큼 바빠졌고, 심신 양면에서 여유가 없어졌다는 뜻입니다.

저는 얼마 전에 놀란 일이 있습니다. 우리 마을 작은 신사(神社)의 배전(拜殿)을 청소하다가 거기에 액자가 걸려있는 것을 봤습니다. 그 액자에는 예사 실력이 아닌 하이쿠(俳句: 일본의 5·7·5의 3구(句) 17음(音)으로 된 단형시 - 옮긴이) 수십구가 쓰여있더군요. 이 자그맣고 보잘것없는 마을에서 20~30명이나 되는 사람이 하이쿠를 지어서 봉납한 것이었습니다. 대략 100~200년 전의 일로 짐작되는데, 그만큼 여유가 있었던 것입니다. 그때라면 궁핍한 농가뿐이었을 텐데도 그런 일이 가능했던 것입니다. 현재는 이 마을에서 한사람도 하이쿠 따위를 짓고 있을 여유가 없습니다. 하루나 이삼일 공기총으로 산토끼 사냥을 하는 것이 고작입니다. 레저라지만 그것도 텔레비전이 주체이고, 생활과 밀착된 놀이시간이란 것은 오늘의 농부에게는 모두 사라져버린 실정입니다. 이것은 농업이 물질적으로 발달한 것처럼 보이지만 정신적으로는 빈약해졌다는 것을 나타내주는 일례라고 할 수 있습니다.

노자(老子)는 작은 나라 적은 인구(小國寡民)를 이야기합니다. 작은 면적에서 살아가는 것이 좋다는 것입니다. 달마도 한곳에 앉아서 9년간 생활할 수 있었을 만큼 덜렁덜렁한 사람이 아니었던 것입니다. 인간은 그것으로 족하다고 생각합니다. 농부가 일본 열도를 종횡으로 다니며 수익 작물을 재배한다거나 생산물을 운반한다거나 하는 것은 본래의 자리를 잃어버린 행동입니다. 자신이 사는 그 자리에서, 그 작은 자리에서 논밭을 가꾸며 그날그날 최대한의 여유 시간을 획득해가는 농업이 오히려 가장 이상적인 농업의 모습일 것입니다.

공동체 속에서 싹트는 자연농법

본래 저는 노동이라는 말을 싫어합니다. 저는 인간이 일하지 않으면 안되는 동물이라고는 생각하지 않습니다. 일하지 않으면 안된다고 하는 것은 동물 중에서도 인간뿐인데, 저는 그것을 매우 어리석은 생각이라고 여깁니다. 모든 동물이 일하지 않고 먹고사는데 사람은 일해서 먹지 않으면 안되는 것처럼 여기며 일합니다. 더욱이 그 일이 커질수록 훌륭하다고 봅니다. 그러나 실제는 그렇지 않습니다. 그런 것은 그만두고 유유자적 여유 있는 생활을 하면 그것으로 족합니다. 열대에 사는 나무늘보와 같이 아침저녁으로 잠깐 나와서 배를 채우고 나머지는 낮잠을 자며 사는 동물 쪽이 훨씬 훌륭한 정신생활을 하고 있다고 저는 봅니다.

이것이 오히려 바람직한 미래의 농업 방향입니다. 그 방향으로 가지 않으면 안됩니다. 제가 이야기하는 '모든 사람이 농부인 세상(國民皆農)'이라는 것도 작은 마을에 살며 일생을 거기서 보내고 그것으로 만족할 수 있는 인생관을 확립하는 것입니다. 그 방향으로 가는 것이 제 목표입니다. 현재 제 일을 도와주고 있는 청년 7~8명은 산오두막에서 공동생활을 하고 있습니다. 이 청년들의 한가지 꿈은 결국 어떻게든 농부가 되어 새로운 이상촌이나 마을을 만들어보고 싶다는 것입니다. 그것이 목표입니다. 그 수단으로서 무엇을 할 것인가 하면 당연히 자연농법밖에는 없습니다. 그래서 여기서 자연농법을 배우며 살아가기 위한 기술을 몸에 익힘과 동시에 인생의 목표를 어디에 두어야 하는지, 인생의 의의란 무엇인지, 이런 질문을 통해 인생의 참다운 가치를 찾고 싶다는 것이 이 산에 오는 사람들의 소망입니다. 농업을 통해 그러한 방향으로 나아가고자 하는 것입니다.

전국적으로 여러가지 공동체가 생기고 있습니다. 히피들의 모임이라고 볼 수 있는 가고시마(鹿兒島)현의 야쿠(屋久)섬이나 스와노세(諏訪瀨)섬 사람들은 자연 속에 뛰어들어 거기서 살아가는 것을 기뻐하며 향유하려는 단체입니다. 미에(三重)현의 야마기시(山岸)공동체도 있습니다. 모두가 함께 일하고 나누는 생활을 하며 그 속에서 새로운 농민상을 찾아내고자 하는 단체입니다. 다섯이나 열명 정도로 그룹을 지은 청년들이 산에 들어가서 어떻게든 공동체를 만들어보고자 하는 곳도 있습니다. 또는 인도로 간다든가, 프랑스의 간디마을로 가서 그곳에서 생활해본다든가 또는 이스라엘 공동체에 봉사하러 가본다든가 하는, 새로운 인간 가족이라고나 할까, 부족이라고나 할까 하는 것을 만들어보고 싶어하는 사람들도 있습니다. 이러한 모임들은 현재로서는 지극히 보잘것없고, 활동도 충분하지 못한 소수의 운동입니다. 그러나 이러한 운동은 역시 다음 시대를 선취하고 있는데, 이러한 단체에서 현재 급속히 자연농법의 방법을 받아들이려는 기운이 솟아나고 있습니다. 독자적으로 자급자족이 안되는 단체는 아무것도 할 수 없겠지요.

또한 여러 곳의 종교단체에서 열심히 자연농법을 받아들이며 진지하게 그것을 실천해보겠다는 사람도 생기고 있습니다. 그것은 물론 공해문제 등이 계기가 되고 있는 점도 있겠으나, 보다 크고 뿌리 깊은 이유는 인간의 본래 모습을 추구하자면 반드시 먹는 문제부터 풀지 않으면 안되기 때문입니다. 올바르게 먹고, 그리고 올바른 일상생활을 해나가는 길이 올바른 사상이라고나 할까 깨달음을 얻는 길이 되기 때문에 자연농법으로부터 출발하지 않으면 안된다는 것이지요. 현재 이러한 기운이 공동체나 종교단체에서 대단히 왕성하게 일어나기 시작하고 있습니다. 이러한 종교단체나 철학적 사고방식을 가진 청년들의 상호교류 속에서 태동하게 되는 새로운 사상과 삶의 방식이 앞으로 미래의 세계를 움직이는 원동력이 되리라고 저는 봅니다.

자연농법과 유기농법

종교단체 중에서 가장 일찍부터 저와 접촉하며 자연농법을 간판으로 삼아 활동하고 있는 단체는 아타미(熱海)에 본부가 있는 세계구세교(世界救世教)입니다. 이 세계구세교의 자연농법 부문을 담당하는 사카키바라 츄조(榊原忠蔵) 씨와 작고한 츠유키 유키오(露木

裕喜夫) 씨들은 자주 저희 농원에 오셨습니다. 그러나 종교단체가 받아들인 자연농법은, 자연보다는 신이 만들어주고 신의 힘에 의지한다는 신 중심적인 것처럼 보이기 때문에 일반인이나 농업관계자들이 경원해왔던 것이 사실입니다. 저는 신도와 불교와 기독교를 구분하지 않기 때문에, 누구와도 교제하고 있지만 어떤 종교에도 소속되어 있지는 않습니다. 저는 산의 두목인 한마리 이리로 족한 사내입니다. 그렇기 때문에 오히려 어디에서 누가 어떤 일을 하고 있는지 잘 알고 있습니다.

수년 전의 일입니다. 도쿄에서 농업협동조합 총회가 열렸는데 그때 초청된 강사는 저와 식물생태학의 미야와키 아키라(宮脇昭) 선생님, 나라(奈良)현 고죠(五条)시의 야나세 선생님 등이었습니다. 그때 문제가 되고 있던 식품공해 문제를 세사람이 각자의 입장에서 이야기하였습니다. 저는 시코쿠라는 외진 곳에서 저 혼자 자연농법을 하는 것으로는 아무것도 될 수 없으니, 일본의 중앙, 예를 들면 야나세 선생님이 계신 나라현 같은 곳에서 농장을 열고 자연농법 연구를 해주면 좋겠다는 이야기를 해서 그때 사회를 보고 있던 이치라쿠 씨 등도 재미있겠다며 찬동했던 일이 있었습니다.

앞에서도 잠깐 말씀을 드렸지만 이치라쿠 씨는 '이치라쿠 천황'이라 불리는 농협의 실력자였던 분으로 현재는 농업협동조합의 외곽 단체인 농업협동조합경영연구소의 이사장직을 맡고 계신 분입니다. 이치라쿠 선생님과는 그 자리에서 만나 사상적인 점에서 또는 구체적인 예에서 공감하는 바가 있어서 그 뒤에도 교제가 계속되고 있습니다. 그로부터 얼마 뒤에 자연농법 연구단체를 만들자는 이야기가 나왔는데, 그 뒤 같은 단체의 쓰쿠지 분타로(築地

文太郎) 선생님 등이 중심이 되어 만든 것이 유기농업연구회입니다. 이 유기농업연구회는 이치라쿠 씨 등의 요청에 따라 대학 농학부 교수님들, 저희 집에 자주 오셨던 도쿄 농대의 요코이 토시나오(橫井利直) 선생 같은 토양비료학 선생님들이 중심이 되고, 학자와 시험장이나 종교단체에 속한 사람들 수십인이 발기인이 되어서 만들어진 모임입니다. 아리요시 사와코의 《복합오염》이란 소설 이래 일약 주목을 받으며 그 활약이 기대되고 있습니다.

저는 옆에서 그 성립 과정을 돕는 정도였지만, 최초에 이 모임의 이름을 유기농법으로 할까 하는데 어떻게 생각하느냐라는 상담 의뢰를 받고, 제가 자연농법은 역시 종교 냄새가 나니 영국이나 프랑스에서 사용하는 유기농법이라는 말을 쓰는 것이 좋겠다고 해서 유기농법이라는 말을 쓰게 되었습니다. 물론 그것은 '무기와 유기'의 유기가 아니고, 통합된 농법이라는 뜻으로 '유기'라는 말을 사용하면 좋겠다는 것이었으므로, 본질적으로는 자연농법과 같은 의미로 썼던 것이었어요.

그러나 저는 그때 일말의 불안이라고 할까, 의구심을 가지고 있었습니다. 유기농법이 가진 사고방식의 밑바탕에서 뭔가 충분하지 못하다는 점을 느꼈기 때문입니다. 유기농법 연구란 프랑스에서 생긴 것으로 서양인의 사고방식, 즉 서양인들 속에서도 과학농법에 불안을 느끼고 있던 사람들이 있었는데, 이들이 동양사상을 동경하며 동양의 농법이 오히려 참고가 되지 않을까 하는 생각에서 만든 것이 유기농법연구회입니다. 그러므로 유기농법의 스승은 오히려 동양이었던 것입니다. 그리고 사실상 유기농법의 구체적인 내용을 보면, 일본인 농학자들이 연구하고 일본 농민들이 실천해온 농법과 크게 다를 바가 없습니다. 일본 농민들이 메이지(明治)·다이쇼(大正)시대에 걸쳐서 행한 농법이 있는데, 그것은 가축퇴비를 중심에 둔 농법이었습니다. 형태는 다각적 집약 경영이었습니다. 이 다각적 농업은 요즘 복합영농이란 말로 바뀌었습니다. 가축퇴비의 중요성을 알고 있었고, 퇴비를 사용하면 벼나 보리가 절로 된다는 것이 일반적인 생각이었습니다. 짚을 소중히 여겼으므로 퇴비로 만들어 논에 돌려주는 일에 철저했습니다. 농업기술 지도자들도 유기물이나 퇴비 연구 등에 대단히 힘을 쏟아왔고, 그 보급 장려에도 힘써왔습니다. 이렇게 축산과 작물과 인간, 이 3자가 하나가 된 농업이 종래 일본 농업의 주류를 이뤄온 것입니다.

이것을 흉내낸 것이 외국의 유기농법이라고 할 수 있습니다. 하루는 프랑스 파리에 있는 유기농업본부의 어떤 이가 쓰쿠치 씨 일행과 함께 제 오두막이 있는 산에 올라와 이야기를 나눈 적이 있습니다. 저쪽 사정을 들어보니 내년쯤 세계적인 규모의 유기농법연구회 모임을 갖고자 하는데, 그 회의 준비차 세계의 유기농법 또는 자연농법을 조사하러 다니고 있다는 이야기였습니다. 저는 그때, 제가 지금까지 실천해온 자연농법의 연구경과에 관해서 말씀드렸고, 그쪽에서 행하고 있는 유기농법을 비판하기도 했습니다.

그때 한 이야기는 이렇습니다. "결국 유기농법은, 내가 들은 범위 안에서는, 서양철학의 바탕에서 출발한 과학농법의 일부에 지나지 않는다. 과학농법과 차원이 같다. 실천하고 있는 것이 결과적으로 옛날의 퇴비농업과 다르지 않다는 점이 유기농법을 자연농법의 하나로 보이게 만들기 쉽지만, 일본의 자연농법, 내가 생각하는 자연농법은 당신들의 유기농법 같은 과학농법의 일종이 아니다. 나는 과학농법의 차원에서 벗어난 동양철학의 입장, 다시 말해서 동양사상이나 동양 종교의 입장에서 본 농법을 확립하고자 하는 것이다. 자연농법 속에도 굳이 말하자면, 불교에서 이야기하는 대승적인 자연농법과 편의적인 소승적인 자연농법이 있다. 실천면에서 이야기하자면 소승적인 과학적 자연농법이 좋겠지만 최종 목표는 단순히 작물을 재배하는 것만이 아니라 인간 완성을 목표로 한 농법이 되지 않으면 안된다. 이것은 하나의 철학혁명이며 종교혁명이라고 말할 수 있다"라고 하자 그 프랑스인은 이해하고 대단히 감격하며 기쁜 얼굴로 돌아갔습니다.

단순히 유기물을 넣으면 좋고 가축을 기르면 좋다. 그리고 이 3자가 하나가 된 농업이 가장 좋은 농법이라는 정도의 사고방식에 그친다면, 유기농업은 자연농법의 근본이 되는 취지를 실현할 수 없는 것입니다. 요컨대 때가 되면 흘러가버리고 말 하나의 과학적 차원의 농법에 지나지 않는 것입니다.

자연농법의 사명은 무엇인가

저는 어떤 시대가 오든, 과거와 미래를 불문하고 부동의 위치를 유지하며 농업의 원류로서 원점에 서는 농법은 자연농법밖에 없다고 생각하고 있습니다. 아무리 과학농법이 발달하더라도 예컨대 좌로 간다거나 우로 간다거나 하며 발달한다고 해도 항상 그 원류가 되는 것은 자연농법입니다. 그것들은 자연농법이 내장하고 있는 농법이 외형적으로 발달하는 것에 지나지 않습니다. 그러나 그 발달이 지나치면 다시 자연의 품 안으로 돌아오지 않으면 안되는데, 그것을 맞아들이는 자리가 또한 자연농법입니다. 그러므로 자연농법이란 농업을 지도하는 아버지이기도 하고, 그것을 받아들이는 어머니이기도 합니다.

철학은 만학의 어머니라고 합니다만, "자연농법이란 인간 일체의 것을 포괄한 자리의 원점의 농법"이라는 것이 제 생각입니다. 그러한 농법을 저는 확립하고 싶은 것입니다. 그리고 하루빨리 이 현대 과학문명의 방황을 타개하기 위한 출발점으로, 그 기반으로까지 자연농법을 가져가고 싶다고 생각하고 있습니다. 자연농법은 이미 오랜 옛날, 몇천년 전부터 존재해왔고, 현재도 농업의 원류로서 엄존해 있으며, 미래에도 역시 농업의 궁극 목표로서 남게 되는 농법입니다. 그러므로 시간의 흐름에서 말하자면, 때로는 원시농업으로 보이기도 하고, 현대농법의 선구자적 역할을 하기도 하고, 미래를 앞서 거머쥔 것처럼 보이기도 하는 것이 자연농법입니다. 한마디로 말하자면 변화가 자유로우나 축소나 확대가 없는 부동의 일점입니다. 좌니 우니, 혹은 근대화니 비근대니, 과학적이니 비과학적이니 하며 요동하고 있는 농법이 과학농법이라면 자연농법은 항상 부동입니다. 그렇기 때문에 무한한 생명력을 가지고 있습니다. 그리스도는 "새는 씨 뿌리지 않고 논을 갈지 않고서도 먹고산다. 인간은 빵만으로 사는 것이 아니다"라는 이야기를 하고 있습니다. 석가가 했던 것도 역시 자연농법이었고, 인도의 간디가 행한 수단을 쓰지 않는 수단이라고 할까, 달마의 싸우지 않고 상대를 이기는 것도 그것입니다. 무저항의 농법, 그것이 자연히 자연농법이 됐다고 저는 봅니다. 무위자연이라고 말한 이 한마디만 보더라도 노자가 농부였다면 당연히 자연농법으로 농사를 지었을 것입니다.

일본에서는 현재 여러 종교단체와 공동체, 기독교계의 학교와 수도원 등에서 자연농법을 시작했습니다. 앞으로도 이러한 추세는 더욱 발전하리라 기대하고 있습니다. 더욱이 최근에는 농업기술 지도자들이 열심히 자연농법을 보고 거기에서 힌트를 얻어 농업의 미래와 농업기술에 대한 반성을, 교토대학 농경학과의 사카모토(坂本) 교수님이 중심이 되어 받아들이기 시작했습니다. 이것은 매우 흥미있는 일로서, 농업이 농업의 원점으로 되돌아오는 시기가 마침내 열리기 시작하는 것이 아닐까 하는 느낌이 듭니다. 사실 그렇게 되지 않으면 인류의 미래 또한 밝아질 수 없습니다.

지금까지 이렇게 하면 좋다, 저렇게 하면 좋다며 그것이 발달인 양 맹목적으로 전진하며 자연과 투쟁해온 과학이 이제 여기서 멈춰 서서, 제가 쌀과 보리 농사에서 시도해온 것과 같이, 하나하나 버리는 방향으로 탐구해가면서, 궁극적으로는 아무것도 하지 않는 농사를 목표로 하는 것이 인간이 나아가야 할 유일한 길입니다. 인간은 아무것도 하지 않아도 좋았던 것입니다. 다만 살아가는 것만으로도 커다란 기쁨이 있고 행복이 있는 것입니다. 무엇인가를 얻는 데서 기쁨이나 행복이 오는 것이 아니라는 사실을 알게 되면, 자연농법의 사명이라는 것도 저절로 달성될 것입니다.

좌우간 자연농법을 인간생활의 기점으로 삼을 때, 비로소 진정한 인류의 행복과 미래의 전망이 열리리라고 저는 봅니다. 저의 산오두막에는 정식(正食)·정행(正行)·정각(正覺)이라는 낙서가 있는데, 이 세가지는 분리될 수 없는 것입니다. 셋 중에 어느 것 하나가 빠지면 나머지도 달성될 수 없습니다. 반면 어느 하나가 가능하면 모든 것이 가능합니다. 그리고 이 세가지를 달성하기 위한 첫번째 출발점, 누구라도 할 수 있고 실행 가능한 출발점이 자연식과 자연농법이라고 저는 봅니다.

  그러나 그 앞날은 다난하며, 절망적이라고도 할 수 있습니다.

제4장
녹색 철학
과학문명에의 도전

알지만 아는 것이 아니다

농업의 원류가 잊혀지며, 농부다운 농부가 한마디 말도 못하고 저항할 방도도 모른 채 사라져가는 세상입니다. "어떤 이야기라도 좋다"고 하기에 우리 농민 동지들의 울분 풀이라도 할 수 있다면 좋겠다 싶어 무심코 승낙하기는 했는데 아무래도 어리석은 일을 한 것 같습니다. 본래 저는 일체무용론자로서 인간은 아무것도 모르며, 무슨 일을 하든 헛수고로 끝날 뿐이라고 주장해온 사람이므로, 이제 와서 뭔가에 대해 쓰거나 이야기할만한 것이 없기 때문입니다. 억지로 쓴다면, 써 봐야 소용없는 짓에 지나지 않는다는 이야기를 쓸 수 있을 뿐입니다. 불행한 이야기죠.

가을밤이 깊어갑니다. 아무리 이 세상의 시류가 변했다 해도 세상사람들에게 농부의 어리석고 보잘것없는 이야기에 귀를 기울여 달라는 부탁을 할만한 용기는 없습니다. 그렇다고 과거 이야기로 일관하는 늙은이 노릇도 하고 싶지 않고, 미래를 예언할 만큼 위대하지도 않으니, 결국 나날의 일을 불씨로 삼아 화롯가 이야기로 차를 달여야 할 것 같습니다.

도고(道後)평야 남쪽으로 뻗은 국도가 산간으로 접어든 곳에서 보면, 하천 건너편 언덕 위 귤산에는 세채의 산오두막이 있습니다. 그곳에는 도회지로부터 탈출해 온 청년들이 모여서 원시생활을 하고 있습니다. 전기도 없고, 수도도 없습니다. 계곡물을 퍼올리고 촛불 아래서 현미 채식에 단벌 옷과 단벌 그릇만 가진 생활을 하고 있습니다. 어디에선가 와서 며칠이고 머물다가 아무 때나 자유롭게 떠나갑니다. 대체로 자연의 품에서 조용히 자신을 되돌아보고자 하는 젊은이가 많지만, 농민 지원자, 히피, 여기저기 다니는 철새여행자, 학생, 학자, 프랑스인 순례자, 현미식을 하는 미국인 등 남녀노소 천차만별입니다.

제 역할은 산기슭의 차 심부름꾼이 되어, 찾아오는 손님들에게 차를 내고, 논밭일을 도움받으면서 세상 이야기를 즐기는 것뿐입니다. 듣기에는 좋아 보이지만 이것은 실제는 그리 쉬운 일이 아닙니다. 제가 '아무것도 하지 않는 자연농법'을 목표로 하고 있기 때문에, 사람들은 누워서 유유자적한 생활을 할 수 있는 이상향으로 생각하고 왔다가 깜짝 놀랍니다. 아침 일찍부터 물을 길어올리고, 땔나무를 자르고, 진흙투성이가 되는 농사일을 보고는 일찌감치 돌아가는 사람도 있습니다.

오늘 젊은 목수 양반을 독려하며 장난감 같은 오두막을 짓고 있는데, 치바(千葉)현의 후나바시(船橋)에 산다는 처녀 한명이 올라왔습니다.

어떻게 왔냐고 물었습니다.

"뭐가 뭔지 알 수 없게 돼서… 오게 됐어요."

처녀들은 의뭉스럽기 때문에 방심할 수 없습니다.

"모른다는 것을 알고(깨닫다) 있다면 더 이야기할 것이 없겠지. 그런데 세상일을 알게 됨(분별)에 따라 오히려 세상일이 불분명해지며(판단) 머릿속이 어수선해졌다는 얘길 지금 그대는 하고 있는 거지?"

"그렇게 말하면 그래요."

처녀는 솔직하게 대답했습니다.

"자네는 안다는 게 뭔지 분명하게 이해를 못하고 있는 것 같아.

어떤 책을 읽고 왔어?"

이 질문에 처녀는 머리를 세게 흔들었습니다. 책 읽는 일에 반항하는 듯한 행동이었습니다.

"모르기 때문에 공부하는 것이 아니고, 공부해서 알 수 있는 것도 아니다. '인간은 알 수 없다'는 것을 알기 위해서 공부하는 것이다. 대체로 모른다는 말은 아홉은 알고 하나를 모를 때 나오는 말이라야 하는데, 사실은 열을 알았다 하더라도 정작 어느 것 하나 제대로 알고 있는 사람이 없다. 다만 분별하고, 판단하고, 분해하고, 해석한 것에 지나지 않지. 백가지 꽃을 알고 있다고 하지만 단 하나의 꽃도 제대로 모른 채 알았다고 하면서 아무것도 모른 채 죽어가는 것이 인간이다. 자연을 분별하고 판단하여 알았다고 여기는 인간의 그러한 앎은 한낱 지식에 지나지 않는 것으로, 지식이 쌓이면 의문도 쌓이는 법. 결국에는 뭐가 뭔지 모르게 될 뿐이다."

젊은이들은 풀 위에 앉아서 하늘을 바라보고 있었습니다.

"대부분의 사람들이 눈을 대지로부터 하늘로 옮긴 것만으로 하늘을 보았다고 생각한다. 귤의 푸른 잎 속에서 황금빛 과실을 구별해내고 푸른 잎과 황금빛을 알았다고 여긴다는 말이다. 요컨대 이 세상의 상대적인 것을 구별하여 앎으로써 그것을 알았다라고 하는데 — 천문학자는 천문학적인 하늘을 알았다, 식물학자는 식물학적인 잎과 열매를 알았다, 시인은 미적으로 알았다는 데 불과하지. 그것은 말하자면, 자기자신의 두뇌로 해석할 수 있는 범위 내의 영상을 파악한 것에 불과하다는 것이다. 진짜 자연 그 자체, 대지나 하늘, 잎과 열매를 안 것이 아니며, 인간은 무엇 하나 제대로 알고 있는 것이 없으면서도 자연을 알 수 있고 활용할 수 있다고 여긴다. 일단 자연으로부터 이탈한 인간은 이미 자연을 알 수도, 그리로 돌아갈 수도 없다."

한 청년이 물었습니다.

"사람들이 알고 있는 자연은 진짜 자연이 아니라고 하셨는데 그 증거는 무엇입니까?"

"인간은 자연을 파괴할 수는 있어도 만들 수는 없지. 어린아이가 장난감을 쉽게 망가뜨리는 것과 같다. 인간의 앎은 언제나 분별에서 출발하여 이루어지지. 그러므로 인간의 앎은 자연에 대한 근시적이고 국부적인 파악에 불과하다네. 자연 그 자체를 알 수 없기 때문에 불완전한 자연의 모조품을 만들어보고 자연을 알았다고 착각하고 있는 것에 지나지 않는다는 얘기다."

"그렇다면 자연을 진짜로 아는 방법은요?"

"인간은 정말로 알고 있는 것이 아니라는 걸 먼저 알아야 한다. 인간의 지식이란 알 수 없는 것을 알았다 여기고 있는 지식에 불과하다는 걸 알면 당연히 분별로 얻게 되는 앎이 싫어질 것이 틀림없다. 분별을 놓게 되면 분별을 떠난 지식이 저절로 솟아나지. 알자, 알아야겠다는 생각을 놓게 되면 알게 될 때가 온다. 초록과 빨강을 구분하면 그 순간부터 진짜 초록과 빨강은 사라진다네. 하늘과 땅을 나누면 그 순간 천지는 알 수 없는 것이 되어버리지.

천지를 알기 위해서는 천지를 나누지 말고 하나로서 보아야 한다. 하늘과 사람은 본래 하나로 융합되어 있다. 통일, 곧 둘을 하나로 합치기 위해선 천지와 상대하는 인간을 버리는, 자기멸각(滅却)의 길밖에 방법은 없다."

"그것은 곧 영리해지기보다는 바보가 되라는 것이네요…."

이렇게 말하며 의기양양해하는 청년에게 저는 호통을 쳤습니다.

"자네 눈에는 바보가 영리한 사람으로 보이는가? 자네는 자네 자신이 영리한 사람인지 바보인지도 모르는 채 바보라는 이름의 영리한 사람이 되려는 안이한 생각을 하고 있는 거야. 자연은 뚫어지게 바라본다고 알 수 있는 것이 아니다. 멍청히 보고 있어서는 더욱 알 수 없다.

안다, 분별한다, 판단한다, 이해한다고 하지만, 어느 것이나 진짜로 알고 있는 것(깨닫다)이 아니라는 것을 알 때까지는 피나는 궁구가 필요할 것이야. 영리함으로도 안되고, 바보로도 안되네. 이리저리 우왕좌왕하는 것이 자네의 현재 모습이라는 걸 잘 알아두게."

가을 해가 두레박 떨어지듯 저물고 이미 나무 아래에는 땅거미가 졌습니다. 세토내해의 노을을 뒤로하고 말없이 산오두막으로 돌아가는 젊은이들의 그림자를 저 또한 묵묵히 따라갔습니다.

바보는 누구인가

인간은 만물의 영장으로서 인간만큼 영리한 동물은 없습니다. 지혜를 사용하여 대규모 핵 전쟁을 할 수 있는 것은 동물 중에서 인간뿐입니다. 바보라며 웃을 수 있는 것도 인간뿐입니다.

얼마 전에 오사카(大阪)역 앞에서 자연식 식당을 경영하는 분이 마치 칠복신(七福神) 같은 동료 일곱사람을 데리고 제가 사는 산에 올라왔습니다. 제 산오두막에서 현미잡곡밥을 지어 점심 대접을 할 때, 그중 한분이 다음과 같은 이야기를 했습니다.

 늘 오줌을 지리고 공연히 웃음을 흘리는 아이, 둘이서 말타기놀이를 할 경우 언제나 아래에서 말이 되는 아이, 감쪽같이 속여서 먹을 것을 빼앗는 영리한 아이 등, 지혜가 모자라는 아이들 속에도 차이가 있다고 한다. 학급 반장을 선출하기 전에 선생님이 남을 도와줄 수 있는 지도자는 어떤 어린이인가를 요령있게 자세히 일러주고 선거를 해보았더니, 놀랍게도 오줌을 자주 지리는 아이가 당선되었다. 선생님은 곰곰이 생각해본 끝에, 아이들의 세계에는 그 나름의 생각이 있는가 보다라고 결론을 내렸다.

 모두들 와 웃었지만 저는 모두들 왜 웃는지 알 수가 없는 기분이었습니다. 제게는 당연한 일이었기 때문입니다 —

 아래에서 말이 되기만 하는 아이가 손해를 보고 있다는 견해는 손득을 따지는 영리한 어른들의 생각이다. 여러 사람을 통솔할 수 있는 어린이를 어른들은 훌륭하다고 보지만, 어린이들은 그 아이를 남을 구속하는 교활한 친구라고 생각할 수도 있다. 남을 도와줄 수 있는 영리함이 훌륭하다는 생각은 어른들의 생각일 뿐이다. 아이들은 명예에도 위대함에도 관심이 없다. 늘 아무 일도 하지 않으며 자고 먹고, 오줌을 누며 그 시원함에 쾌재를 부르며 아무 것에도 거리낌이 없는 아이야말로 가장 위대한 친구라고 볼 수 있다. 아무것도 하지 않는 놈보다 위대한 놈은 없다. 오줌을 지리는 아이를 반장이라는 임금님으로 추천한 것은 당연한 일이다.

 시골에는 "재주 있는 사람이 도리어 가난하고 이웃집 바보 좋은 일만 한다"는 말이 있다. 천치는 아무것도 하지 않으며, 이웃의 재주 있는 영리한 사람을 불러 도움을 받으며, 입으로는 칭찬

하고 배로는 히히 웃고 있는 것이다. 앞에서는 군의원이라며 받들어 모시다가도 그가 낙선하면 오줌통 메기는 우리 쪽이 낫다며 자만하는 것이 농부다.

이솝 우화에 이런 이야기가 있다.

개구리들이 지도자가 없는 것이 허전했다. 그래서 하느님에게 자신들의 임금님을 원했더니 하느님이 통나무 막대기를 주셨는데, 통나무 막대기를 바보라고 여긴 개구리들은 더 위대한 임금님을 원했다. 하느님은 이번에는 학을 한마리 보냈다. 그런데 그 학이 개구리들을 차례로 다 잡아먹어버렸다.

선두에 선 자가 위대하면 뒤에서 따르는 사람들이 힘들다. 그런데 바보를 선두에 세우고 있으면 뒤에 있는 사람이 즐겁다. 일본 사람들은 강하고 대담하며 민첩한 사람을 위대하다고 생각한다. 그래서 한 나라의 총리도 디젤기관차 같은 사람을 뽑는 것이다.

그러자 그때 한사람이 물었습니다.

"그러면 어떤 사람을 총리로 뽑으면 좋을까요?"

"통나무 막대기나 달마밖에 없습니다."

저는 이렇게 대답했습니다.

"세상에 모습도 드러내지 않은 채, 다만 세상을 바라보기만 했던 큰 바보가 달마입니다. 그는 아무 말도 하지 않았습니다. 아무것도 하지 않았으며, 고요히 벽을 향해 9년 동안이나 앉아있었을 만큼 태평스러운 사람이었습니다. 그는 그 어떤 바보나 어린이와도 동무가 되었지만, 자신은 손을 쓰지 않습니다. 덤비면 간단히 넘어집니다. 무저항이지요. 그러나 곧 다시 일어납니다. 무저항의 저항입니다."

"아무것도 하지 않는 것만으로는, 이 세상은 아무것도 안되는 것은 아닐까요? 발전 없는 세상이란…"

"왜 그렇게 되면 안됩니까? 경제성장이 5퍼센트에서 10퍼센트가 된다고 하여 행복이 배가합니까? 성장률이 0퍼센트가 되면 왜 나쁩니까? 그것이 오히려 확고부동한 경제가 아닐까요?"

달마는 손도 발도 내놓지 않고 다만 앉아서 받아먹기만 했던 것은 아닙니다. 손발을 내놓아서 되는 일이 아님을 알고, 손발을 내놓고 싶어하는 사람들을 눈을 부라리며 매섭게 쏘아보고 있었던 것입니다. 아무것도 하지 않고 살 수 있다면 그보다 더 좋은 일은 없지 않을까요? 아무것도 하지 않으면서도 태평할 수 있는 사람을 만들고 아무것도 하지 않아도 좋은 사회가 될 수 있다면 그 이상의 사회는 없을 것입니다."

"그것은 지나치게 이상적인 생각 같네요. 사람은 아무 일도 안하고는 먹고살 수 없습니다. 사람은 무슨 일이든 하지 않으면 안됩니다."

"인류가 그동안 자연을 알 수 있고, 이해하고 이용해서 인간에게 도움이 되는 일을 할 수 있다고 믿고 그렇게 해온 결과는 과연 무엇이었나요? 자연파괴와 인간의 왜소화입니다. 뭔가를 하지 않으면 안된다고, 아무것도 하지 않고서는 살아갈 수 없다고 말하며, 사람들은 보람도 없는 인생을 허겁지겁 살아가고 있습니다."

"이 자연농원에서는 땅을 갈지도 않고, 비료나 농약이 무용한 농법을 실천하며 건강한 벼, 맛있는 귤을 재배하고 있습니다. 이 원시생활 속에는 시가 있고 노래가 있습니다. 이것이 아무것도 하지 않아도 좋다고 주장하시는 근거입니까?"

"이렇다 저렇다 해석하고 연구해서 '이렇게 하면 좋다, 저렇게 하면 좋다'고 말하기 시작할 때부터 농부는 바빠지게 됩니다. 저는 아무것도 하지 않는 것을 목표로 해서 이렇게 하지 않아도 좋지 않을까, 저렇게 하지 않아도 좋지 않을까 하는 방향의 연구만을 해왔어요. 그 30년의 결과가 땅을 갈지 않고, 농약도 비료도 일절 사용하지 않는 벼 재배입니다. 풋거름풀 속에서 볍씨를 뿌리고, 짚을 덮어주기만 하는 재배방법입니다. 농부는 거의 아무 일도 하지 않아도 좋습니다. 일사(一事)가 만사(萬事)입니다.

인류의 미래는 무엇인가를 이루어내는 것에 따라 해결될 수 있는 것이 아닙니다. 자연은 더욱 황폐해가고 자원은 고갈되어가고 있습니다. 인심은 불안에 떨며 정신분열의 위기에 서게 되었는데, 그 원인은 사람이 무엇인가를 해왔기 때문입니다. 그리고 무엇인가 해왔다고 하지만 사실은 아무것도 한 것이 없습니다. 해서는 안됐던 것이었습니다. 인류 구제의 길은 이제 아무것도 하지 못하도록 하는 운동이라도 하지 않고서는 다른 방법이 없는 자리에까지 왔습니다. 발달보다 수축, 팽창보다 응결의 시대가 오고 있습니다. 과학만능, 경제우선의 시대는 가고 과학의 환상을 타파하는 철학의 시대가 도래하고 있습니다. 뭐라고 이야기를 꺼내면 달마는 묵묵히 눈을 부라리고 있을 뿐입니다. 달마와 눈싸움을 할 수밖에 없습니다. 웃는 쪽이 패배입니다. 웃을 일이 아닙니다."

나는 유치원에 가기 위해서 태어났다

여럿이 풀베기를 하고 있을 때, 처음 보는 청년 한사람이 작은 가방을 어깨에 메고 올라왔습니다.

"어디서 왔어?"

"저쪽에서 왔습니다."

"어떻게 왔어?"

"걸어서 왔습니다."

"무엇하러?"

"그것을 모르겠습니다."

대체로 이 산에 오는 사람들은 자기 이름이나 과거에 대한 이야기를 하고 싶어하지 않습니다. 목적도 분명하지 않습니다. 뭐가 뭔지 몰라서 오는 사람이 많기 때문입니다. 인간은 본래 어디에서 와서 어디로 가는지 모릅니다. 어머니의 배에서 태어나서 흙 속으로 들어간다는 것은 생물학적인 파악에 불과합니다. 태어나기 전은 어디고, 죽은 뒤의 저세상은 어떤 세계인지 아무도 모릅니다. 모르는 채 태어나서 눈을 감고 영원의 세계로 떠나는 슬픈 동물이 인간입니다. 이런 것을 알고 싶어 젊은이가 오는 것인지도 모릅니다.

전에 시코쿠 지방에 왔던 프랑스 순례단 중 한사람이 모자를 두고 갔는데, 그 모자에는 "본래 동서가 없는데, 어느 곳에 남북이 있을까"라는 뜻의 한문이 쓰여있었습니다. '本來無東西 何處有南北'

청년에게 그 모자를 보여주었습니다.

"본래는 동쪽도 없고, 서쪽도 없지. 태양이 떠오르는 쪽이 동, 지는 곳이 서라는 것은 천문학적 인식에 지나지 않지 않은가? 동서를 모르는 쪽이 진실에 가깝다고 할 수 있지. 어느 쪽에서 온 것인지를 모르겠다는 것이 사실은 정직한 말이란 얘기야."

들어보니 그는 세습 사찰의 자식으로, 죽은 사람에게 경이나 읽어주는 것은 바보짓 같아서 농부가 되고 싶다는 것이었습니다. 이런 청년에게는 설교를 해 봐야 소용이 없습니다. 풀을 베는 그의 솜씨를 보면서 그가 하는 이야기에 귀를 기울였습니다.

"개가 서쪽을 향해 서면 꼬리는 동쪽 아닙니까? 이처럼 간단명료한 세상이면서 이 세상처럼 어려운 곳도 없습니다. 동도 없고, 서도 없다고 홍법(弘法) 대사는 말했습니다. 만권의 경 중에서 가장 핵심적인 내용이 쓰여있다고 하는 《반야심경》에서 석가는 '색즉시공 공즉시색(色卽是空 空卽是色), 즉 정신과 물질은 하나이며, 더욱이 일체가 공이다. 인간은 살아있는 것도 아니고 죽어있는 것도 아니다. 생도 없고 사도 없다. 늙음도 없고 병듦도 없고, 늘어나지도 않고 줄어들지도 않는다'라고 단언하고 있는데, 제게는 이 말이 완전히 자포자기의 말로 들립니다. 늘지도 않고 줄지도 않는다는 말을 실업가나 벼락부자가 들으면 배꼽을 쥘 일입니다. 병이 없다면 의사가 필요없겠지요. 그런데 석가는 '내 말은 거짓이 아니다, 진짜 진실이다'라고 반복해서 보증하고 있습니다. 이것이 거짓일까요, 진짜일까요?"

"어제 벼베기를 하며 생각했던 것일세만"이라며 나는 청년들에게 다음과 같은 이야기를 했습니다.

"벼는 봄에 씨앗을 뿌리면 생명의 싹을 냈다가 가을에 베어지면 죽는 것처럼 보이지만 실상은 내년, 내후년 이렇게 되풀이해서 살고 있지 않은가? 매년 계속해서 살아있다는 이야기인데, 그렇다면 그것은 매년 죽지만 동시에 매년 산다는 뜻 아닌가? 그러므로 벼는 영원히 살아있다고 보아도 좋지. 이처럼 인간이 보는 생과 사의 현상이란 근시안적이며 일시적인 인식에 불과하다고 할 수 있다네. 이 풀에게 봄의 태어남과 가을의 죽음은 어떤 의미가 있겠는가? 인간은 생을 기뻐하고 죽음을 슬퍼하지만, 풀씨는 봄에 흙 속에서 죽으며 싹을 틔우고, 가을에는 풀잎이나 줄기 따위는 말라 죽어가더라도 씨앗 속에는 생명의 기쁨이 가득 깃들어 있지 않은가? 이처럼 생명의 기쁨은 죽음으로 끝나는 것이 아니고 영원히 계속되는 것일세. 죽음이란 매순간의 일시적인 외부 현상에 지나지 않는 것이란 말일세. 그러므로 이 들풀에게는 생명의 환희는 있어도 죽음의 슬픔은 없다고 말할 수 있지.

인간의 육체 속에서도 같은 일이 벌어진다네. 벼나 보리와 다를 것이 없다는 거다. 날마다 머리털이 자라고, 손톱 발톱이 자라고, 수만개의 세포가 죽고 태어나며, 일개월 전의 피는 지금은 내 피가 아닐세. 우리의 세포 하나가 어느 사이엔가 자식이나 손자의 몸속에서 증식하고 있다고 생각하면 우리는 날마다 죽고 있고 또한 날마다 다시 태어나고 있다고도 할 수 있지. 그러나 인간은 나날의 생을 생으로서 기뻐하지 않고 죽음에 임박해서야 비로소 생에 눈뜨며 생에 집착하는데, 이 생에의 집념이 죽음의 공포가 되어 우리를 괴롭히지, 그리고 또한 지나가버린 과거나 사후의 문제에 매달려서 오늘 이 자리의 기쁨을 잃어버리고 멍청하게 일생을 보내버리는 일도 많지."

"실제로 생과 사가 있다고 한다면 그것을 걱정하는 것도 당연한 일이 아닐까요?"

"그러나 석가라는 분은 생사가 없다고 하시잖는가?"

"무슨 뜻인지요?"

"색즉시공, 곧 물질(色)의 실재를 인식하는 것은 인간의 마음

(空)이고, 인간의 마음은 또한 육체의 소산이라고 하면, 물질이 곧 마음(物卽心)이고 마음이 곧 물질(心卽物), 즉 공즉시색이라고 해도 지장이 없겠지. 석가의 눈에는 물심이 하나라는 건데, 문제는 다음이야. 일체는 공이라며 물심 일체를 부정하는 것 말이야."

"부정한다고 하는 것은?"

"인간세계는 물질과 마음으로 되어있지. 그런데 인간의 마음은 모든 물상을 분별해서 음양이다, 유무다, 실재다, 헛것이다, 이래 왔지. 생사, 증감, 노약도 말하자면 마음의 소산이 아닌가? 물질이 있는데 그것을 마음이 인식하고 확인함으로써 비로소 물질은 인간의 물질이 되었다고도 말할 수 있지. 당연한 이야기지만 생사나 증감에 매달릴 때 일어나는 희노애락이라는 감정 또한 원래부터 인간에서 나온 것이지. 삼라만상이 모두 인간의 마음에서 만들어진 것으로, 모든 것은 마음에서 일어나고 마음으로 돌아온다는 것이다. 그러므로 석가가 일체를 부정했다고 하는 것은 인간의 마음이 소유하고 있는 모든 것의 가치를 부정함과 동시에 인간의 지혜 및 감정 일체가 헛되다는 것을 갈파하신 것이지."

"그래서는 뒤에 아무것도 남는 것이 없지 않습니까?"

"남는 것이 없을까? 공(空)이라고 하는 한 자가 남지…. 어디로부터 와서 어디로 가는 것인지 모르면 자네는 지금 자네가 여기 있는 것을 확인할 수 없다는 것인가? 지금 여기 내 앞에 있는 자네는 의미 없는 덧없는 존재냐 이거야?"

"……."

"얼마 전의 일이야. 전차 안이었는데, 어린애 둘을 데리고 있던 어떤 엄마가 이런 이야기를 하더군. '오늘 아침 네살짜리 딸애가,

엄마 나는 이 세상에 왜 태어났지? 유치원에 가기 위해? 하고 다그쳐 물어서 아주 곤란했어요'라고."

"설마 그 아이엄마가, '그래, 유치원에 가기 위해서다'라고 대답하지는 않았겠지만, 그것은 그렇더라도 인간은 정말 무엇을 위해서 이 세상에 태어난 것일까요?"

"그러나 오늘날 인간은 유치원에 가기 위해 태어났다고 해도 좋지 않을까? 유치원에서부터 대학까지 가서 인간은 무엇을 위해 태어났는가를 배우려고 하기 때문이지. 그것만 할 수 있으면, 일생을 막대기로 두들겨 맞아도 좋다고 하는 것이 대학자(大學者)들 아닌가."

"매우 어리석은 일입니다."

"그런데 그것이 어리석은 일임을 아이들은 아는데 어른들은 모르지."

"왜 그럴까요?"

"인간에게 처음부터 목적 따위는 없었네. 존재하지도 않는 목표를 붙잡고 고투하고 있는 것에 불과하다네. 상대도 없는 씨름을 하고 있는 거지."

"진짜 인간에게는 목표가 없다고 단정할 수 있습니까?"

"진짜 목표(인간만의 것이 아닌)는 전방에 있는 것이 아니라네. 자기자신을 잃어버린 채 밖으로, 전방으로 목표를 찾으러 다닐 필요는 없다는 것이다. 인간이 생각하고 찾지 않으면 안되는 목표 따위는 없다네. 어린아이들에게 물어보는 것이 좋다, 하늘은 텅 빈 것이고 목표 없는 인생은 무의미하냐고."

"그러니까 선생님 말씀은, 인간이 공부를 통해서 목표를 찾기보다 인간은 무엇 때문에 이 세상에 태어난 것이냐 하는 의문과 미혹이 언제부터 인간에게 일어나게 되었는가를 되돌아보는 일이 먼저 해결해야 할 문제라는 것입니까?"

"유치원에 다니기 시작할 때부터 인간의 근심은 시작된다네. 인생은 그냥 그대로 즐거웠던 것인데, 인간 스스로 고통의 세계를 만들고, 그 고통의 세계에서 탈출하고자 고군분투하고 있는 것이 우리의 모습이라고 해도 과언이 아닐세.

'자연에 생사가 있어 자연은 즐겁고, 인간사회에 생사 있어 인간은 슬프다.'"

떠가는 구름, 흐르는 물과 과학의 환상

오늘 저는 냇가에 나가 귤 저장상자를 씻었습니다. 물이 차갑습니다. 가을입니다. 허리를 펴니 탁 트인 파란 가을하늘을 배경으로 단풍이 든 검양옻나무가 둑 위에 서있었습니다. 아름답습니다. 조작이 없으면서 표연한 나뭇가지의 자태에 경탄이 절로 났습니다. 무심한 이 작은 풍경 속에도 현상계의 모두가 들어있습니다. 물과 함께 흐르는 시간의 흐름, 원근과 지속, 좌우의 언덕, 경중이 있는 바위, 맑은 날과 흐린 날, 붉은 낙엽과 푸른 하늘 — 말 없는 경전(經典)인 자연과 인간이 있습니다. 그 인간은 생각하는 갈대입니다.

일단 한번 자연이란 무엇인가를 묻기 시작하면, 무엇일까란 무엇일까, 그 무엇일까를 질문하는 인간은 또 무엇일까, 이렇게 멈출 줄을 모르며 인간은 끝없는 의문의 세계에 빠져듭니다. 인간이 경탄하는 자연이란 도대체 무엇일까? 그 의문을 해명하고자 할 때 두가지 길이 있습니다. 하나는 의문하고 있는 자기자신을 응시해가는 방법이고, 다른 하나는 인간이 대상으로 삼는 자연을 해명해가는 길입니다. 전자는 구심적으로 철학이 되고 종교의 세계로 들어갑니다. 후자는 자연과학의 길입니다.

종교는 무분별의 세계입니다. 그러나 분별하여 이 풍경을 보면, 흐르는 물의 속도, 힘, 물결, 바람, 물, 구름 등 모든 것이 의문의 대상이 되며, 의문은 무한히 확대되어갑니다. 개오동나무 잎사귀에 맺혀있는 한방울의 이슬에 옷이 젖었다느니, 젖지 않았다느니 하는 정도라면 이 세상은 간단하지요. 그러나 한방울의 물을 과학적으로 해명하고자 하면, 그때부터 인간은 끝이 없는 지혜의 지옥에 빠지게 됩니다.

물분자는 산소와 수소라고 하는 두개의 원소로 이루어져 있습니다. 그런데 이 세계의 최소 단위가 원자라고 생각하지만, 원자 속에는 원자핵이 있고, 그 원자핵 속에서는 또 소립자라는 물질이 발견되었습니다. 그리고 그 소립자에도 수백종류가 있다는 등, 이렇게 극미 세계의 추구는 그칠 줄 모릅니다. 소립자가 원자핵 속을 초고속으로 돌아다니는 상황은 마치 유성이 대우주를 어지러이 날아다니는 상황과 닮았다고 합니다. 극미 세계라고 생각했던 소립자의 세계가 원자물리학자의 눈에는 대우주 세계가 됐고, 최대의 우주라고 생각했던 소우주 바깥에 무수한 대우주가 있다는 것이 발견되면서, 대우주 또한 천문학자의 눈에는 극미 세계가 되었습니다.

문제는 물방울은 작고 바위는 움직이지 않는다고 생각하는 사람들은 행복한 바보이고, 물방울은 거대한 대우주이며 암석은 소립자가 유성처럼 날아다니는 격동의 세계라고 알고 있는 학자는 영리한 바보라는 것입니다. 이 세상은 단순하게 보면 대단히 단순명쾌한 세상인데, 어렵게 보면 또한 더할 나위 없이 복잡기괴합니다. 삼베 실을 풀려고 하는데 실이 엉클어지면 화가 나겠지요. 과학자는 이 세계를 해명하려다가 오히려 세계를 혼란에 빠뜨린 것에 불과합니다. 과학은 사사물물(事事物物)을 완전히 해명하는 것이 아니기 때문입니다.

월석을 가지고 돌아온 것을 기뻐하고 있는 과학자가 "달님은 몇 살일까? 열살, 세살, 일곱살?" 하며 달의 나이를 세고 있는 아이보다 달을 더 잘 파악(깨닫다)하고 있느냐 하면, 그렇지 않습니다. 달을 바라보며 밤새도록 못가를 돌았던 에도시대 유명한 하이쿠 작가 바쇼(芭蕉)는 달에 대결하는 인간을 해명함으로써 달을 해명했습니다. 발로 달을 밟았던 과학자는 달에 감으로써 달을 잃었습니다. 그들은 결과적으로 신비에 가까이 가고자 하는 인간의 의욕을 꺾어버리는 역할을 하고 만 셈이지요.

과학이 인간에게 도움이 된다고 여기는 것은 어떤 이유에서일까요? 그것은 과학이 인간에게 유용하도록 그 조건을 먼저 만들어 놓고, 과학이 유용하다며 혼자 기뻐하고 있는 데 지나지 않습니다. 우주선이 유용한 것은 달나라로 우주선의 연료인 우라늄을 가지러 갈 수 있기 때문이라는, 이런 웃기는 희극을 인간은 태연히 연출하고 있습니다.

몇년 전까지 이 냇물의 힘으로 돌아가던 물레방아는 돌절구와는 비교가 되지 않을 만큼 강한 위력을 발휘했습니다. 그런데 물레방아로 만족하지 못한 인간은 댐을 만들고 수력발전을 일으켜 제분공장을 지어 쌀이나 보리를 찧게 됐습니다. 이렇게 발달한 기계는 인간에게 어떠한 유용한 일을 해주었는가? 기계의 발달로 현미를 백미로 찧을 수 있게 되었는데, 그것은 현미의 껍질, 즉 건강의 근본인 쌀겨를 깎아버리고, 현미를 흰쌀, 즉 지게미로 만들고 말았습니다. 제분공장은 이와 같이 쌀을 분쇄해서 가루로 만드는 데 도움이 되었습니다. 생명의 근본인 현미를 병인식도 못 되는 지게미로 만들고, 거기서 더 나아가 가루를 내어 빵을 만들었습니다. 위가 약한 사람을 만들어 두면 소화하기 쉬운 백미가 고맙게 느껴질 것입니다. 소화하기 쉬운 백미(지게미)를 상식(常食)하면 영양부족이 생기므로 우유와 버터 같은 영양식이 필요하게 되지요. 물레방아나 제분공장은 인간의 위장활동을 대신함으로써 위장을 게으름뱅이로 만드는 데 도움이 되었을 뿐입니다.

농업에 도움이 되는 것처럼 보이는 과학기술 또한 거의 대부분 환상에 지나지 않습니다. 물을 연구하여 상시 물대기를 했더니 벼의 성장이 왕성해졌다며 기뻐하지만, 그것은 연근 구덩이를 넓게 파고 커다란 연뿌리가 나왔다고 기뻐하는 것과 다를 바 없는 것입니다. 부드럽고 살이 오른 벼는 연약하기 때문에 쓰러지기 쉽고 병충해를 입기 쉬운데, 그러나 인간은 더 강한 농약을 자꾸자꾸 개발해낼 수 있기 때문에 병충해가 자꾸 생겨도 걱정할 것 없다고 합니다.

논에 물을 넣고 쟁기로 갈면 토양 입자나 구조가 전부 파괴되어 버리며 그때부터 흙은 죽은 흙이 됩니다. 산소도 없고 미생물도 살지 않는 죽은 논이 돼서 매년 경운기로 논을 갈지 않으면 안됩니다. 저절로 대지가 비옥해지는 수단을 취해두면 경운기는 필요 없는데 말입니다. 살아있는 땅을 죽여 놓고 거기에 병투성이 벼를 재배하게 되면 속효성 영양비료가 필요하게 되는데, 그 경우는 비료가 도움이 되는 것처럼 보일 수도 있습니다. 그러나 자연의 흙이란 저절로 기름져지는 것이기 때문에 비료 없이도 작물을 재배할 수 있습니다. 비료나 농약이나 기계 따위가 반드시 필요한 것은 아니라는 말입니다. 그런 것들을 필요로 하는 조건을 만들기 때문에 그것들이 필요하게 될 뿐인 것이죠. 벼는 자연의 힘만으로 충분합니다. 그러므로 과학적인 지혜가 도움이 된다는 것은 벼가 아니라 벼농사를 하고 있는 인간에게 도움이 되고 있는 것에 다름 아닙니다.

 과학은 쓸모없다는 것을 확신한 이후, 저는 그것을 증명하려고 자연농법의 길에 들어섰고, 그 뒤 벌써 40년이 지났습니다. 과학농법으로 1단보당 벼 수확이 옛날이나 지금이나 열가마 내외로 밑바닥을 헤매고 있을 때, 자연농법으로 그 이상의 수확을 거둘 수 있었는데, 그것은 정말 큰 기쁨이었습니다. 일체무용의 농법이 환상이 아님을 증명한 셈이기 때문입니다. 일체를 버린 농법이 가능하다면, 과학은 환상이 됩니다. 시공을 초월하여 흘러가는 구름과 물은 이것을 알고 있었습니다.

상대성이론이여, 똥이나 먹어라

 올해는 옛날 벼를 주로 심었더니 벼가 단단하여 어지간히 낫질을 잘하지 않는 사람이면 벼 베기가 힘들었습니다. 가을의 맑고

따사로운 햇빛을 받으며 주위를 둘러보다 저는 깜짝 놀랐습니다. 어느 논이고 할 것 없이 모든 논에 벼 베는 기계나 콤바인이 돌아다니고 있었는데, 얼마 전까지만 하더라도 예상도 할 수 없었던 시골 풍경입니다. 다행히 여기에 있는 청년들이 기계화를 부러워하지 않고, "즐거움은 고통의 씨앗, 고통은 즐거움의 씨앗"이라며 태연히 낫으로 하는 벼베기를 즐기고 있습니다.

"늦다 이르다, 멀다 가깝다 — 우리는 왜 이렇게 마음이 조급해진 것일까요?"

"이 세상을 상대적인 세계로 보았을 때부터 인간은 항상 비교하며 사물을 판단하게 되었네."

저는 그 예를 다음과 같이 들었습니다.

"이 마을에서 소로 논을 갈 때, 한 사람이 말을 쓰며 그 속도감을 자만했다. 20년 전에 처음으로 경운기 한대가 마을에 들어왔을 때 사람들은 모여서 소와 경운기 둘 중 어느 쪽이 득일까를 신중하게 의논했다. 그러나 이삼년이 채 지나지 않아서 속도에서 진 우경, 곧 소로 논밭 갈기는 급속히 사라져갔다. 모내는 기계나 벼 베는 기계는 이제 손익의 관점에서보다 단지 이웃보다 일찍 작업을 마치기 위해서 도입되는 데 불과하게 됐다. 속도와 능률의 의미를 농부는 자신이 생각지 않고 농기계 가게에 맡기고 있지만, 시간과 공간의 문제는 본래 과학자에게 맡겨둘 일이 아니었다.

시공간의 문제를 해명한 아인슈타인의 상대성이론은 너무 어려운 이론으로, 그 난해함에 경의를 표하여 노벨물리학상이 주어졌다고 한다. 그의 이론은 이 세계의 상대적 현상을 해명함으로써 인간을 시공에서 해방하기보다 시간과 공간에 대해서 어렵게 설명함으로써 이 세상을 알 수 없을 만큼 어려운 세계라고 사람들이 믿어버리게끔 만들었다. 오히려 그에게는 인심교란죄를 적용하는 것이 옳았다. 인간에게 무엇보다 중요한 것은, 이 세상을 상대세계라고 보는 쪽이 득이냐 아니냐 하는 것이다. 이 세계는 다른 동물들에게 있어서는 천지미분(天地未分)의 세계다. 설령 상대세계라고 하더라도, 늦다 빠르다며 우왕좌왕할 필요는 전혀 없다. 더구나 아인슈타인처럼 시간과 공간을 연결시켜서 4차원이나 5차원의 세계가 있느니 없느니 하며 인간의 혼란을 가중시킬 필요는 없는 일이다.

대체로 인간에게는 세가지 길이 있다.

첫째, 비가 내리면 홍수를 걱정하고 날이 개면 한발 가뭄이 온다고 탄식하는 소인의 길.

둘째, 맑은 날은 일하고 비가 내리면 책을 읽으며 마음의 귀에 따르는 대인의 길.

셋째, 비가 와도 좋고 날이 맑아도 좋다, 구름 위는 푸른 하늘, 개나 흐리나 푸른 하늘과 함께 웃는 초인의 길.

과학자는 비가 오면 걱정하고 날이 맑으면 기뻐하는 소인의 울고 웃는 심정조차 이해하지 못한다. 그들은 물방울을 분석하여 소립자의 세계를 엿보고, 태양광선을 흉내내어 핵분열이나 핵융합 폭탄을 만들며 만족해한다. 과학자는 희비 감정을 잃어버린, 반자연적인 컴퓨터를 장착한 기계화된 인간이다. 그들의 머리에서 태어나는 과학은 인간에게 진정한 도움이 되지 못하고 있는데, 그 이유는 과학적 진리는 절대 진리가 아니고 항상 반자연적이기 때문이다. 아인슈타인의 두뇌가 아무리 좋다 하더라도 절대 시간이라든가 절대 공간은 해명할 수 없다. 왜냐하면 그가 이 세상을 상대세계로 보는 한, 시간을 초월하는 시간, 공간이 아닌 공간을 보는 일은 물론, 그것을 헤아려볼 수 있는 척도 또한 그는 가질 수 없기 때문이다. 그가 파악하고 해명한 시간이나 공간은 하나의 과학적 진리에 불과하기 때문에 언젠가는 모순과 오류를 지적당할 운명이다. 과학자는 진짜 시간과 공간을 알고 있는 것도 아니고 보고 있는 것도 아니다. 가짜 시공 개념 위에 세워진 과학적 결론이란 항상 일시적 환상에 지나지 않는 것이므로 언젠가 붕괴되는 것이 당연할 것이다.

이 세상의 크고 작음, 늦고 빠름, 밝고 어두움, 춥고 더움과 같은 개념은 실재라기보다는 환상에 불과하다. 빠르다고 하여 진짜 빠른 것도 아니고, 큰 것이 진짜 큰 것도 아니다. 어떤 것을 크다고 믿을 때, 빠르고 크다는 것으로 혼란을 당하게 될 때, 인간의 비극은 시작된다. 본래는 크고 작은 것도, 빠르고 늦은 것도 없다. '생각을 없애면 불도 시원'한 것이다. 상대성이론이여, 똥이나 먹어라. 산오두막에서는 촛불 아래에서 책도 읽고 바느질도 하지만, 아랫마을에서는 200와트 전등 아래서도 어둡다고 한다. 시대(시간)와 장소(공간)를 초월할 수 있으면 화롯불이 석유불보다 따뜻하다."

청년들이 그 이유와 증거를 물었습니다.

"잘 알다시피 석유는, 태고의 식물이 지하 깊이 매몰된 뒤 압력과 지열로 탄화됨으로써 석탄이 되고 이윽고 원유가 된 것일세. 사막에서 이것을 퍼올려서 파이프로 운송한 후 배로 일본에 옮겨 오지. 그것을 정유공장에서 정제하면 등유가 되지. 이렇게 해서 등유를 때는 것과, 집 근처에 있는 죽은 나뭇가지를 이로리(방바닥의 일부를 네모나게 잘라 내고, 재를 깔고 불을 피워 취사·난방용으로 사용하는 설비 - 옮긴이)에 태우는 것 중 어느 쪽이 얻기 쉽고 편리하고 따뜻하겠는가? 원료는 똑같은 식물일세. 석유는 확실히 나뭇가지보다 일이 번거로운 것이 사실 아닌가?"

원자력의 화력이 이로리의 불보다 거대한 에너지라는 것을 의심하는 사람은 아무도 없습니다. 하지만 과연 그럴까요? 원자력의 화력은 과학의 힘이 응결된 결과로서, 거대한 에너지를 만들어내기 위해서는 거대한 에너지가 필요합니다. 얼마 안되는 우라늄 광석을 찾으러 다녀야 하며, 그것을 응결하여 거대한 원자로 속에서 연소시키는 일은 낙엽을 태우는 일처럼 즐거운 일이 아닙니다. 또한 이로리 불은 비료가 되는 재를 만들지만, 원자력의 불은 뒤처리로 골치 아픕니다. 환경오염은 물론이지요.

이시하라 신타로(石原愼太郎) 씨는 원자력발전소에서 나오는 방사능 폐기물은 콘크리트로 포장하여 로켓으로 달나라로 보내거나 우주를 향해서 발사하면 좋을 거라고 말하고 있습니다만 결국 원자력은 장차 자신이 뿜어낸 폐기물인 공포의 쓰레기를 실은 우주선을 발사하는 데 사용되며, 달로부터 원자력의 원료인 우라늄을 가지고 돌아오는 희극 배우가 될 것입니다. 과학자는 하늘을 향해서 침을 뱉고 있습니다.

필요가 발명의 어머니라지만, 필요라는 이름의 불필요한 일에 도움이 될 뿐인 발명이 결국은 인간을 혹사시키고 있습니다. 우수한 원자력 과학자의 두뇌는 신칸센(新幹線)의 ATC장치와 마찬가지로 정교한 만큼 깨지기 쉽습니다. 미친 의사를 진단하는 의학은 아직 없습니다.

"이로리 불은 원자력 불보다 빨갛다."

전쟁도 평화도 없는 마을

뱀이 개구리 한마리를 물고 풀숲 속으로 들어갔습니다. 그것을 본 처녀가 비명을 지르자 청년이 증오를 나타내며 뱀을 향해 돌을 던졌습니다. 곁에 있던 청년은 그것을 보고 웃으며, 돌을 던진 청년에게 물었습니다.

"여보게, 자네는 지금 자네가 무슨 일을 했는지 아나?"

뱀이 개구리를 잡아 삼킨다지만 그 뱀을 소리개가 노립니다. 그 소리개를 이리가 덮치고, 그 이리를 사람이 쏩니다. 가장 강한 인간도 대수롭지 않은 감기나 결핵균으로 죽습니다. 동물이나 인간의 시체에는 미생물이 번식하지요. 미생물의 시체를 영양분으로 삼아 풀이나 나무가 무성해집니다. 나무에는 벌레가 붙고, 그 벌레를 개구리가 잡아먹습니다. 지구상의 동물과 식물과 미생물은 생물연쇄의 모습을 취하며 적당히 균형을 유지하면서 질서 정연하게 살아가고 있습니다. 이것을 약육강식의 세계로 본다거나 공존공영의 모습으로 보는 것이 인간의 마음이죠. 그런데 인간의 이 해석이 실은 지구상에 풍파를 일으키며 혼란을 일으키는 불씨가 되고 있습니다.

어른들은 개구리가 불쌍하다며 그 죽음을 슬프게 여기는 한편, 뱀을 미워합니다. 인간의 희비, 애증의 감정은 언뜻 보기에는 자연발생적인 것처럼 보입니다만, 과연 그럴까요?

그때 곁에 있던 한 청년이 말했습니다.

"물론 이 세상을 약육강식의 세계라고 본다면 이 지상은 수라지옥입니다. 하지만 생물들이 살아가기 위해 약자를 희생시키는 것은 어쩔 수 없는 일이 아닐까요? 강자는 승리하여 남고 약자는 패하여 사라지는 것이 자연의 법칙이 아닐까요? 몇천만, 몇백억년의 세월이 흐르는 동안 지상에서는 현재의 생물이나 인간이 생존경쟁에서 승리함으로써 번영할 수 있었습니다. 이러한 사실, 즉 적자생존의 법칙이 자연의 섭리라고 말할 수 있지 않겠습니까? 하지만 이것은 강자의 주장이라 보는 것이 좋겠지요?"

다른 청년이 이야기를 받았습니다.

"이 논을 보면 보리 속에 풋거름풀인 클로버와 자운영이 서로 돕는 생활을 하고 있습니다. 큰 나무에는 담쟁이덩굴이 타고 오르고, 그 아래에는 양치식물이 무성하고, 양치식물에는 이끼가 기생하며 생존하고 있습니다. 지상의 모든 생물은 이와 같이 서로 의지하며 생존하고 있습니다. 이러한 생물연쇄의 모습은 공존공영의 모습입니다."

또 한 청년은 이렇게 이야기했습니다.

"이 지상은 양육강식의 세계이기도 하고 공존공영의 세계이기도 합니다. 하지만 강자라고 하더라도 필요 이상의 식량은 취하지 않습니다. 절도를 지켜서 다른 것을 취하기 때문에 어떤 한 종족이 멸종된다거나 하는 일은 없습니다. 자연의 섭리가 지상의 평화와 질서를 지키는 바탕이 되고 있습니다."

삼인삼색입니다. 저는 세 청년들의 각기 다른 의견을 모두 정면에서 부정했습니다. 그 부정이 공허하다는 것을 알면서도.

"이 세상은 약육강식의 세계도 아니며 공존공영의 세계도 아니다. 인간의 상대관(相對觀)에서 보면 강자가 있고 큰 것이 있고 작은 것이 있지만…. 오늘날 이 상대관을 의심하는 사람은 어디에서도 찾아볼 수 없지만 만약 인간의 눈과 판단이 틀린 것이라면, 큰 것도 작은 것도 없고, 위도 없고 아래도 없고, 강약·우열이 없는 입장이 가령 있다면, 인간의 이 모든 판단과 행위와 가치관이 밑에서부터 붕괴될 수밖에 없지 않겠나?"

"그러나 그것은 단순히 관념의 입장에 지나지 않는 것이 아닐까요? 현실에는 엄연히 큰 나라가 있고 작은 나라가 있습니다. 빈부와 강약이 있으면 필연적으로 항쟁과 승패가 생깁니다. 사랑이 있는가 하면 증오의 감정이 용솟음치기도 합니다. 이렇게 울고 웃는 것이 인간의 자연스러운 모습이 아닐까요? 인간의 감정을 뿌리에서부터 부정하는 선생님의 말씀에는 동의할 수 없군요. 오히려 울고 웃는 것이 인간의 특징이며 특권이라고 말할 수 있는 것이 아닐까요?"

"인간 이외의 동물은 싸우기는 하지만 전쟁은 하지 않지. 강약과 증오에서 출발하는 것이 전쟁인데, 그 전쟁을 행할 수 있는 것이 인간의 특권이라면 그것은 대단한 희극이며, 그 희극을 희극으로 알지 못하는 것에 인간의 비극이 있는 것이 아니겠는가?"

"설령 인간이 희극을 연출하는 비극 배우 삐에로라고 하더라도 우리 어른들의 눈에 비치는 현상계는 어둡고 밝은 것이 있는 상대계일 뿐입니다…."

"백지와 같은 동심의 입장에 서면 명암, 강약의 두가지 이미지가 있으면서 없다. 이를테면 아이들에게는 뱀과 개구리가 있더라도 강약은 없다. 지상에는 대소, 다소(多少), 강약이 있지만 어른들이 일희일비하는 승패, 빈부의 우열, 희비, 귀천, 애증 등의 감정은 없다. 그것은 인간의 허상에서 비롯된 쓸모없는 감정이라는 것이다. 세상에는 지속, 경중, 증감이 있지만 그것을 고락의 대상으로 삼을 필요는 없다는 말이다. 환희의 생은 물론 오뇌의 죽음조차도 어른들의 허상 위에 그려진 하나의 환상이라고 할 수 있다. 아이들에게는 자연 본래의 생명의 환희가 있을 뿐 죽음의 공포 따위는 없다. 우열이 없다면 승자도 패자도 없지 않겠는가. 모순·대립이 없는 세계에 안주해 있는 것이 아이들이다.

어른들의 눈에 비치는 사랑과 미움은 원래 별개의 것이 아니야. 한장의 종이를 앞과 뒤에서 보는 것에 지나지 않는 것이니까. 사랑은 미움에 의해 지탱이 되므로 사랑을 뒤집으면 미움이 된다네. 이와 같이 사랑과 미움은 허위 위에 세워져 있지. 그런데 웃음과 분노는 애증을 초월해 있네. 웃음과 분노라는 이 두 상(相)은 근원에서 오는 것이라 할 수 있네. 즉 그것은 여래의 웃음과 부동명왕(不動明王)의 분노로서, 참다운 사랑과 미움이지."

"현상계의 상대세계에 미혹되지 말고 그것을 초월한 절대계에 철저하라는 말씀인가요?"

"인간은 나와 남을 달리 보지만, 예수는 자기자신을 사랑하는 것처럼 원수를 사랑하라고 했다. 이것은 자타를 구별하여 자기가 있고 남이 있는 한 구원이란 있을 수 없다는 것을 말씀하시는 것이다. 이기적인 마음이 미움을 만들지 않는가? 자기자신을 사랑하기 전에 먼저 분별로 생기는 지혜를 버리고 자신을 죽이는 일이 우선이라네. 그리스도의 말은 네 원수를 미워하는 것과 같이 너

자신을 미워하라는 거야. 인간 최대의, 그리고 최초의 적은 자기 자신이니까 말이야.

인간은 단 두가지 길밖에 선택할 수 없다는 데 문제가 있지. 좌로 갈까 우로 갈까, 공격이냐 수비냐, 그러면서 공수의 책임을 물어 서로 싸우지. 박수를 치고 나서 오른손이 소리를 냈다, 아니다 왼손이 소리를 냈다며 논쟁을 하는 격이지. 어느 쪽이 좋다 나쁘다고 할 수 없는, 동시에 일어난 동일 악이라고 할까.

성을 쌓는다는 것은 이미 거기 악이 시작되고 있다는 것을 의미하네. 이것은 성주의 사람됨에서 비롯되는 일로서 자기방어를 위한 것이라고 변명하더라도 성은 이미 가까운 이웃을 위협하게 되지 않는가? 지키는 것이 공격이지. 깡패들은 '적들이 몰려올지 모르니까 방어를 하지 않으면 안된다'며 무기를 준비하고 다니지 않는가? 이렇게 지킨다고 하는 것은 이미 공격을 하고 있는 것이고, 공격한다고 하는 것은 방위를 위한 것이라고 할 수 있지. 자위 병기는 항상 전쟁을 시작하려는 나라의 구실이 되지 않는가? 공격과 방어는 동일물일세. 약자일수록 몸에 갑옷이라도 둘러서 강자가 되고 싶어하지. 어리석은 군주가 성에 무기를 비축할 때 이웃 나라에서는 웃는다네. 노렸던 일이기 때문이지. 전쟁의 화근은 인간의 분별에서 출발한 자타, 강약, 공수와 같은 인간의 이러한 잘못된 생각의 확대와 강화에 있다고 할 수 있다.

모든 사람이 상대관(相對觀)의 성문을 열고 들로 나와 무위자연의 품으로 돌아가는 일말고는 달리 평화의 길이 없다. 칼을 만드는 대신 낫을 만드는 거지. 아무것도 없는 집에는 도둑이 들지 않는 법. 농부를 습격하여 멸망시키려고 할 만큼 인간은 바보가 아니고, 갓난아이만큼 약한 것이 없지만 또한 그보다 강한 것도 없지."

"일찍이 농민은 평화로운 백성이었습니다. 그러던 것이 오늘날에는 호주와는 육우로 인해 왈가왈부하고 있고, 소련과는 물고기를 가지고 다투며, 미국 밀에 의존하고 있는 등 불씨와 석유를 함께 품에 안고 있는 농민으로 전락했습니다. 비유하자면 큰 나무 아래의 그늘이라고나 할까요. 천둥번개가 치며 비가 내릴 때는 그곳만큼 위험한 곳도 없습니다. 설마 다음 전쟁에서는 나무 그늘로 피하듯, 최초의 공격 대상이 될 핵우산 아래로 피난하리만큼 바보스러운 일이야 없겠지만, 현실에서는 실제 그 우산 아래서 살고 있습니다. 국내외적으로 위기가 다가오고 있는 것 같습니다."

"그 내외, 즉 안과 밖이라는 생각을 놓게나. 세계 어느 곳의 농민이나 같은 뿌리의 한 형제이니까. 여기에 평화의 열쇠가 있네."

짚 한오라기의 혁명

산오두막을 찾아오는 젊은이들 중에는 인생에 절망한 나머지 지푸라기라도 붙잡고 싶은 심정으로 오는 사람이 많습니다. 그러나 저는 그들에게 아무것도 해줄 것이 없습니다. 오랫동안 묵묵히 일하다가 말없이 떠나가는 젊은이들에게 노잣돈조차 주지 못하고 있어요. 그것을 슬퍼하는 늙은 농부지만, 단 한가지 그들에게 줄 수 있으니, 그것은 한오라기 짚입니다.

산오두막 앞에 떨어져 있는 볏짚 한오라기를 집어들며, 저는 이렇게 중얼거렸습니다.

"혁명이란 것이, 이 짚 한오라기에서도 일어날 수 있네."

그 말은 들은 한 청년이 자조 섞인 목소리로 받았습니다.

"인류에게 멸망의 날이 오면, 인류는 지푸라기라도 붙잡고 싶은 심정이 될까요?"

"이 짚은 가볍고 작네. 보잘것없지. 그러나 사람들은 이 짚의 무게를 모르고 있네. 이 짚의 진가를 마침내 많은 사람들이 알게 되면, 그것이 곧 인간혁명이 되어, 국가·사회를 움직이는 힘이 될 것일세. 글자 그대로 혁명이 된다는 말이지."

"짚으로 불을 지르더라도 그것이 혁명의 불씨가 된다고는 보기 어려운데요?"

저는 짚을 이용한 벼농사에 관해서 이야기했습니다.

"벌써 오래전 이야기로, 고치현의 고토가하마(琴が浜)라는 해안의 어느 논 속에서의 일일세. 그 논 속에 흩어져 있던 짚 무더기 속에서 싹이 터서 건강하게 자라고 있는 벼를 발견한 것이 발단이었다네. 그 뒤 연구를 거듭한 끝에 나는 '쌀·보리 땅 갈지 않고 이어 바로 뿌리기'라는 새로운 벼·보리 농사법을 제창하게 되었네. 이 농사법은 논을 갈지 않고, 벼를 베기 전의 논 속에 보리 씨앗을 뿌리고, 그리고 '해 넘이 재배(越年栽培)'라고 해서 볍씨와 클로버 씨앗을 혼합하여 흩어뿌리고 추수 후에 탈곡하고 남은 볏짚을 기장째 흩어뿌려주는 일뿐일세. 짚은 벼와 보리의 밭아, 잡초 방지, 지력 증강의 세가지 역할을 해준다네. 그래서 이것을 쌀·보리농사의 혁명이 되는 자연농법이라고 확신하고 잡지에 썼고, 텔레비전이나 라디오에서 수십회 방송이 되기도 했네."

"그렇게 좋은 이야기가 어째서 세상에 널리 퍼지지 않았을까요?"

"생짚을 흩어뿌린다는 건 매우 간단한 일 같지만, 실은 그렇게 쉬운 일은 아니라네."

"위험한 일이라도 된다는 건가요?"

"논에 생짚을 뿌리는 일은 대단히 위험한 모험이었어. 다들 그렇게 생각했어. 생짚에는 도열병균이나 균핵균이 기생하고 있기 때문에 벼에 병이 생기는 원인이 된다는 것이지. 그래서 옛날 한 때는 짚 관리를 대단히 엄격하게 했다네. 홋카이도(北海道)에서는 도열병 대책으로 그 지역 전역에 걸쳐 대대적인 짚 소각 명령이 내려졌던 일도 있었지. 또한 볏짚에는 병충이 잠입하여 겨울을 나기 때문에 헛간이나 퇴비장에서 발효시켜 퇴비로 만듦으로써 다음해 봄에 나방이 생기는 것을 방지해왔지. 전국의 농민이 짚 뒷갈무리라며 볏짚 한오라기조차 소중히 여기고 논을 어지르는 일 없이 청결하고 청정하게 만들어왔다. 이것은 짚을 소홀히 취급하면 벌을 받는다, 논이 척박해진다, 흙이 죽는다는 사고가 농부의 몸에 배어있었기 때문이었네.

내가 어렸을 때의 이야기인데 이누요루(犬吝)고개에 억만장자가 살고 있었네. 이 사람은 말 등에 목탄을 싣고 집에서부터 십여리 길을 걸어 항구까지 목탄을 운반하는 하는 일을 했네. 그런데 그 사람이 어떻게 해서 당대에 억만장자가 되었는가 하면, 돌아오는 길에 길가에 버려져 있는 소나 말의 헌 짚신이나 똥을 주워 모아 가지고 돌아와서 밭에 넣었던 것뿐이라고 하네. 짚 한오라기조차 소중히 여겨서 빈 손으로 걷는 법이 없었다는 이야기지. 헛걸음을 하지 않는다는 그의 신념이 그를 억만장자로 만들었다는 이야기네."

"말씀을 듣고 보니 볏짚은 대단히 중요한 것이군요. 그런데 이처럼 중요한 볏짚을 논에 뿌리는 자연농법에 대해 농부나 학자들은 어떤 생각을 하고 있나요?"

"지금까지의 관념을 뒤엎는 내 제안에 과연 생짚 뿌리기가 안전한가를 실험하고 확인하기까지 5년 이상이 걸렸지. 다음은 토양학자와 비료학자가 토양이나 지력의 변화, 생짚의 분해, 비료효과, 질소 유실 현상, 환원 문제, 미생물과의 관계 등을 연구하는데 5년이 걸렸고, 작물부(作物部)에서 '짚을 덮고 땅 갈지 않고 바로 뿌리기'로 지금까지의 모내기 방법보다 수량이 많은 경우가 많았다는 결론이 나오기까지 또 5년이 걸리는 형편이었지."

"그렇군요. 그래서 시간이 걸리는군요. 농림성 과학기술연구소에서 10년 후 일본 벼농사의 지표가 되는 귀중한 보고라며 절찬한 이유를 비로소 알겠습니다."

"우스갯소리 같지만, 생짚을 기장째 뿌려도 좋다는 내 이야기를 전혀 신용해주지 않더군. 너무 난폭하다며 절단기로 잘라서 뿌리는 실험에 3년, 조금 길어도 괜찮다며 3등분하여 뿌리는 실험에 3년, 역시 당신 말처럼 기장째 뿌려도 좋았다는 이야기가 나오기까지는 앞의 기간과 합쳐서 9년이 걸렸지. 그러나 농부들이 짚을 맘 놓고 뿌리기까지에는 아직 시간이 더 걸려야 할 거야."

"짚을 논에 뿌리는 일이 뼈빠지게 힘든가요?"

"볏짚 정도야라고 생각할 수도 있지만, 수백년이라는 긴 세월 동안 농민들은 퇴비증산을 위해 노력해왔지. 농림성도 그에 대해 장려금이나 퇴비 저장실 설치 보조금을 주며 매년 연중행사로 품평회를 개최해왔고, 그래서 농민들은 퇴비를 흙의 수호신처럼 섬기게 되었지. 최근에는 퇴비를 만들어라, 지렁이를 길러라 하는 운동도 있지. 이런 이유로 퇴비 무용론이나 인위를 가하지 않은 생짚을 가을 논에 그냥 흩어뿌리기만 하면 된다는 내 제안이 쉽게 보급되지 않고 있는 것이지.

더구나 생짚을 뿌리고 논을 갈지 않아도 좋다고 하는 나의 무경운론(不耕耘論)은 경운기가 필요없다는 뜻이 아닌가. 이것은 수백년 전의 얕게 갈기 농법이나 원시농업으로 돌아가고자 하는 것처럼 보일 수도 있지. 실제로, 나선계단식 발달에 의한 복귀지. 그러나 깊이갈이, 다량의 비료와 농약의 서양 농법이 발달하고 있는 상황에서 아무리 이것이 자연농법의 문을 여는 것이고 농업의 원류라고 해도 믿고 따르는 사람이 별로 없네. 짚 한오라기로부터 시작한 이 자연농법은 기계화할 필요도 없고, 더구나 화학비료나 농약이 소용없기 때문에 현재의 기간 화학공장 무용론으로까지 발전하게 되네.

나는 도쿄에 갈 때마다 도카이도(東海道) 열차의 창문으로 일본 전원 풍경의 변화를 보아왔는데, 10년 전과 완전히 다르게 변한 최근의 겨울 논의 모습에 말할 수 없는 분노를 느끼고 있네. 푸른 보리가 정연하게 넘실거리고 자운영이나 유채꽃이 핀 예전의 목가적인 풍경은 이제 어디에서도 찾아볼 수 없게 됐네. 난잡하게 쌓인 채로 비를 맞고 있는 볏짚, 여기저기 흩어져 있는 반쯤 타다가 만 볏짚. 이처럼 볏짚 뒷갈무리가 제대로 되어있지 않다는 것은 벼·보리농사의 기술이 혼란되어 있다는 증거일세. 논의 난잡한 모습은 그대로 농부의 황폐한 마음의 모습이고, 또한 농업기술 지도자의 책임을 묻는 모습이기도 하지. 지도자의 태만을 질책하며, 농정 부재의 현실을 여실히 드러내는 모습이기도 하고 말이야.
 수년 전에 농민의 안락사나 객사설을 주창하던 사람들이 있었는데, 그들은 지금 이 모습을 어떻게 보고 있을지 궁금하군. 나는 황량한 일본의 겨울 논 앞에 서서… 더이상 참을 수가 없는 심정일세. 나 혼자라도 혁명을 일으켜야겠네…. 이 짚 한오라기로….″
 ″혁명은 한사람이 하는 것….″
 ″내일부터 보리 씨와 볍씨 그리고 클로버 씨앗을 넣은 커다란 자루를 어깨에 메고 도카이도 일대 논에 흩뿌리고 다니겠네….″
 ″짚 한오라기의 역할로 논이 두배가 되어, 일본의 식량문제가 일시에 해결될 수 있다면 좋겠어요.″
 두런두런 이야기를 나누며 저녁밥을 짓는 산오두막의 화덕 곁으로 돌아가는 청년들의 뒷모습과, 짚 한오라기의 생명에 저는 제 소원을 빌었습니다.

'서울의 꿈'

 오늘 아침에는 소리없이 봄비가 내리고 있습니다. 처마 밑 냉이 잎사귀와 꽃에는 물방울이 이슬처럼 빛나고 있습니다.
 ″가까운 친구가 자연농법의 농부(지은이를 말함 – 옮긴이)가 교토대학 농학부에서 강의를 했다는 텔레비전 뉴스를 보았다고 하던데, 아무것도 하지 않는 것을 목표 삼는 분이 과연 거기서 무슨 이야기를 하셨는지 궁금하군요.″
 ″냄비 속 미꾸라지 같은 격이야. 팔짝팔짝 뛰고 있는 거지.″
 ″안락사나 객사가 될 처지라면 농민들도 무시로키(筵旗: 대나 거

적 등으로 만든 깃발. 예로부터 농민들이 데모할 때 사용함 ─ 옮긴이)를 들고 데모라도 해보는 것이 좋지 않을까요?"

"농부의 입장에서는 이야기할 것이 아무것도 없네만, 농부의 데모는 언제나 농부가 아니라 미친 세상이 일으키는 소동이지. 냄비 속의 미꾸라지 신세인 농부들에게는 좌도 없고 우도 없고, 아래위도 없지…. 엉덩이가 뜨거워지면 들뛰게 되는 법…. 끓이든 태우든 언제나 저쪽에 내던져져 있는 것이 농부 신세라네."

"그러다 객사하기보다는 무시로키를 들고 조용히 잠들어 있는 종교계나 학계로 나아가 '서울의 꿈'을 깨고자 노력해보는 것은 어떨까요? 하나의 꿈일까요?"

"체념할 일이 아니지. 자네들 말대로 '서울의 꿈'을 깨는 불씨는 사원이나 학교가 갖고 있지. 그 둘이 만나서 불꽃이 지펴지면, 그것이 도화선이 될 것이네."

"불꽃을 지피려면 어떻게 해야 됩니까?"

"이솝 우화에 나오는 여우의 방법이 좋겠지. 절이나 교회에 가서는 대학교수들이 '요즘 중이나 목사들은 모두 썩었다'는 이야기를 하더라고 전하고, 대학에 가서는 '요즘 학문은 학문이 아니다'라는 이야기를 종교계에서 하더라고 선전하고 다니면 되지 않겠는가?"

"현대의 병근(病根)은 절이나 교회, 학교에 있다고 할 수 있는데, 역시 대수술이 필요하겠지요?"

"옛날부터 의사와 승려와 선생은 기생들에게도 미움을 받았지."

"위세를 떨어 저도 싫지만, 그래도 그들이 없으면 우선 기생을 포함하여 서민들이 곤란을 당하게 되지 않겠습니까?"

"진짜 의사나 승려는 이제 없다. 의사가 필요없는 건강한 인간, 의문의 구름이 한점도 없는 현인을 목표로 하는 의사나 종교인, 선생은 이제 없다. 선생이나 교수라는 사람들이 그동안 어떤 일들을 해왔는가? 학생에게 공부를 시키고, 주위 모은 지식을 잘라 팔고 있다. 그 결과 의문만 점점 늘어나서 그것을 해결하기 위해 수많은 대학을 짓고 교수를 길러내지 않으면 안되게 되었지. 그 결과 대학은 팽창해서 매머드가 됐다.

승려나 목사는 종교 활동을 통해 사람들을 해방하기보다 오히려 그들의 마음을 혼란 속으로 몰아넣고 있다. 그렇게 미혹에 빠진 사람들이 늘어날수록 신도가 늘어나며, 절이나 교회는 점점더 번창해간다. 의사가 병자의 생명을 의술로 연장시키면 세상은 병자와 노인으로 가득 차게 되고, 그러면 그들을 수용할 병원이 늘어나고 발달하여 의사들은 그 통에 더욱 이익을 보게 된다.

학문은 학교 경영에 도움이 되고, 종교는 절이나 교회에 도움이 되고, 의학은 병원에 도움이 될 뿐 어느 하나 인간을 위해서는 도움이 되지 않네."

"그것은 좀 지나친 생각 같습니다. 절이나 교회, 대학을 없애면 문화의 불은 사라지게 됩니다."

"문화의 불은 이미 사라졌네. 장엄한 가람이, 실로 웅대한 교회 건물이 세워지며 거기 붉게 촛불은 타오르고 있지만, 진짜 타올라야 하는 진리의 법등에는 오히려 불이 꺼져있네. 학문의 전당은 우뚝 솟아있지만 거기 있어야 할 지혜의 빛은 사라졌지. 인간의 참 근원을 모르기 때문에 그곳에서는 늘 본말을 전도하고 있지.

요컨대 인간의 본질적인 문제는 젖혀두고 말초적인 번영에만 힘을 쏟고 있다는 거다. 본래 하나가 아니면 안되는 사원, 교회, 학교, 정부 등을 뿔뿔이 나눠 별개의 것으로 전문화해서 발달시킬 때부터 인간의 불은 사라졌다. 자연은 형태가 있지만 모습이 없고, 마음이 있지만 그러나 무심(無心)이다.

자연은 부분도 없고, 전체도 없는 도무지 파악할 길이 없는 정체불명의 존재라고 할 수 있지. 인간의 인식 수단인 분별은 부분적 파악일 뿐이다. 그러므로 어디까지나 부분적 지식의 집적에 지나지 않는 과학지식이나 학문은 자연을 알고 지배하는 수단이 될 수 없다. 그뿐만 아니라, 인간이 알려고 하면 할수록 인간은 자연의 본질에서 벗어나서 자연을 더욱 알 수 없게 된다. 학문이 한 일이란 인간과 자연의 이간(離間)이다. 인간은 이미 자연을 정복했다고 생각하는 사람들이 있다. 하지만 그들이 말하는 정복이란 스스로 불을 질러 자기자신이 사는 집을 태우고, 그것을 일러 정복이라고 하는 것에 지나지 않는 것이 아니던가? 그런데도 인간은 오히려 힘들여 대학까지 가서 자연과 인간을 연구하고 분석한다거나, 분해 또는 해부하며 자연파괴를 당연시하고 있는 실정이다.

'인간이 해결할 수 없는 모순은 없다. 인간이야말로 지상을 지배하는 왕자다'라고 큰소리를 치는 과학신봉자인 마츠시타(松下)씨(National, Panasonic 등의 브랜드를 가진 마츠시타전기의 창설자 - 옮긴이)나, 자칭 무신론자인 야마하 씨(야마하 피아노, 야마하 발동기의 창설자 - 옮긴이)는 하늘에 침을 뱉는 용기있는 사람들이지만, 발 아래 있는 구덩이는 깨닫지 못하고 있다. 인간은 신의 실재도 증명할 수 없을 뿐만 아니라 부재 또한 증명할 수 없다. 이 세상에는 진정한 유신론자도 없고 진정한 무신론자도 없다. 자연을 마치 장난감으로 여기며 신을 비웃는 자는 자기가 만화의 주인공이라는 사실을 모르고 있을 뿐이라고 단언할 수 있는 스님이 서울에는 한 사람도 없다. 억지로 동안거 기간 정도는 큰스님 흉내를 내며, 주지를 선두에 세우고 경을 읽어보지만 부처가 무엇인지 모르고, 최고 학부를 나오더라도 신이 무엇인지 모르는 이 세상에서, 내가 제일 큰 바보라고 뽐내는 자가 입는 옷이 붉거나 누런 승복이라고 가두선전을 해보면 어떨까 싶기도 하다.

아이는 무지하기 때문에 오히려 명석하며 부처에 가깝다. 그런데 어른은 배운 지식이 많기 때문에 도리어 혼미한 상태에 빠져, 부처와는 거리가 먼 바보가 돼서 살아가고 있다."

"거기서부터 절이나 교회, 대학 무용론이 나오겠지요. 그러나 대학의 학문이 꼭 무능하고 무용하다고만은 할 수 없지 않을까요? 우주천문학, 극미 세계인 원자물리학 또는 생명과학이나 의학의 발달은 이 세상에 절대적인 힘을 발휘하고 있는 것이 사실입니다. 지상의 왕자로서 인간의 긍지는 좀처럼 흔들릴 것 같지 않습니다."

"인간은 과학이라는 가위로 자연의 배를 째본 폭군 네로에 지나지 않는다. 냉이 잎 위에 있는 이슬 한방울의 본질을 원자다, 소립자다, 얼음이다, 구름이다 해 보았자 뭐 할 것인가 ― 반짝이는 이슬의 빛은 무엇이며 아름다움은 무엇이냐는 수수께끼, 인간의 마음 안의 미혹은 영원히 풀릴 수 없네. 자연을 지배하기는커녕 진흙 속에 머리를 쑤셔 넣은 미꾸라지 꼴로, 물방울에서 함부로 전력이나 수소폭탄을 만들어내며 자연의 뱃속에서 자승자박의 괴로움을 겪고 있는 셈이다.

인간이 마음 깊은 곳에서 자연으로부터 배우고자 했던 것은 자연의 티끌에 지나지 않는 소립자나 별에 관한 정보가 아니었다. 그것은 대자연의 신비나 신의 실체 확인, 즉 자연과 인간의 합일이었다. 인간의 생명 연장보다는 인간이 어떻게 하면 신과 같이 살 수 있느냐가 문제였다."

"그 신, 즉 자연이 무엇인지 모르겠습니다."

"알려고 하기 때문에 알 수 없게 되지…. 모르는 것을 모른다고 하는 것이 저기에 있는 무우일세. 그렇기 때문에 무우는 모르지만 부처라네!"

"자연 속에 부처가 있다…."

"이 무가 부처가 되고 안되고는 사람에 따라서 다르네. 이 세상에는 부처와 석가가 수도 없이 많다네."

"만약 지금 석가가 나타난다면 사회혁명이 일어날까요?"

"석가가 혁명을 일으키는 것이 아니다. 혁명이 일어날 때 석가가 탄생한다. 무가 석가가 된다."

빗속에서 무는 싱싱하게 숨쉬고 있었습니다.

갈대 줄기 속으로 하늘을 엿본다

내 산오두막 기둥에는 '소심암(小心庵)'이라고 낙서가 돼있습니다. 방문객들은 이 말을 도회지에서 도피해 온 소심한 사람이 사는 작은 집 정도로 이해합니다. 어떤 사람은 무심(無心) 일보 직전의 마음이라고 해석하기도 하지요. 그러나 이 '소심'이라고 하는 말을 '작은 센터'라는 의미로 읽으면, 소심이란 매우 장대한 꿈을 가진 마음이 됩니다.

저는 어릴 때 보릿대로 보리피리를 만들고, 대나무로 철포를 만들 때, 자주 보리 줄기의 작은 구멍에 눈을 대고 하늘을 바라보았습니다. "갈대 줄기 속으로 하늘을 엿본다"는 것이지요. 이 산오두막에서도 하늘을 엿봅니다. 본래 이 세상의 중심은 하나이므로, 그 중심, 즉 한가운데의 마음을 알면 만사가 반듯이 다스려지게 됩니다. 하지만 여기저기서 각양각색의 사람들이 이것이 중심이다, 아니 저것이 원점이라며 옥신각신하고 있습니다.

"진짜 우주의 중심은 어딜까요? 태양이나 혹은 지구라고 보아도 좋을까요? 아니면 인간이 중심일까요? 정치가는 국회를, 재계 인사는 경제를, 주부는 부엌의 쌀독을 중심으로 생각하고, 거지는 동냥그릇 속이 최대 중심사가 되어있습니다만…."

한 청년의 질문이었습니다.

"쌀독 주변에 모여서 진짜 중심은 어디인가에 대해 논쟁할 때, 우측 사람은 오른쪽을, 좌측 사람은 왼쪽을, 한가운데 사람은 가운데를 중심이라고 한다. 그러나 쌀독을 조금만 돌려놓으면 중심은 더이상 중심이 아니다. 우는 좌가 되고, 좌는 우가 된다. 인간이 보고 있는 오른쪽, 왼쪽 그리고 중심은 이와 같이 때와 장소에 따라서 변한다. 진짜 중심, 즉 원점이나 근원, 예컨대 큰 근본을 알게 되면 모든 사람이 안심할 수 있을 테지만…."

"중심이라는 글자를 보면, 가운데(中) 마음(心)이라는 뜻입니다. 이 마음이란 것이 무엇이며 또 어디에 있는 것일까요?"

뭘 그렇게 시시한 소리를 하냐는 얼굴로 한 청년이 "마음은 머리에서…"라고 하다 문득 입을 다물었고, 다른 청년이 받았습니다.

"사고는 머리로 합니다. 사고는 머릿속에서 조립되고 제조되니까요. 그렇다면 사고가 곧 마음일까요?"

앞의 청년이 이야기를 받았습니다.

"생각한다(思)는 말은 밭(田)의 마음(心)이라고 쓰는데, 이것은 마음이 밭을 안다고 하는 뜻이 아닐까요? 혹은 논밭에서 인간의 마음이 비롯된다는 뜻일까요?"

"인간은 가장 상식적이고 평범한 일 하나도 모르고 있다고 할 수 있다. 인간은 생각하는 갈대라고 하는데, 그 생각하는 마음이라고 하는 마음이 어디로부터 비롯되는지조차 모른다."

"현재 의사들은 사람의 머리를 해부하여 그 소재를 파악하고 있습니다."

다른 청년이 대화를 이어갔습니다.

"달리고 있는 차의 마음은 어디에 있냐는 질문을 받았을 때 모터라고 대답하는 바보가 있을까요? 묻고 있는 것은 차의 행방입니다. 차체를 조사해봐도 차의 마음은 알 수 없습니다. 대뇌의 중심, 그곳의 과학적 구조가 문제가 아니고, 마음의 존재방식, 요컨대 인생의 목표를 아는 마음을 인간은 탐구하고 있는 것입니다."

"의사는 인간의 생명이 육체 속에 있고, 인간의 마음은 머릿속에 있다고 확신하고 있다. 그러나 인간에게 보다 중요한 것은 가슴속의 마음, 뱃속에서 용솟음치는 마음이다. 계곡에 들어서면 저절로 느껴지는 산 기운, 호숫가에서 아는 물의 마음. 산 기운과 물의 마음은 왜 우리 몸에 느껴지는 것인지, 산천초목의 마음은 우리 몸에서 솟아오르는 것인지, 아니면 스며드는 것인지, 마음은 대자연이 지닌 영혼의 수신장치인지 발신장치인지조차 알지 못하고, 인간의 마음이 머릿속에 있다고 확신하게 된다면, 의사는 어떤 일을 저지르게 될까? 그것은 마치 차를 모르는 수리공에게 차를 맡긴 것과 같다. 인간은 개조되어 난폭하게 달리는 트럭이 된다거나 빨리 달리기를 다투는 경주용 차가 되어버린다. 생의 목표를 잃어버린 인간의 생명에는 의미가 없다.

인간에게 외로움이나 슬픈 감정은 쓸모없다고 생각하는 의사는, 당연히 그 감정의 발생원이 되는 대뇌 내의 신경세포를 제거하려 들 것이다. 현대의학은 트럭 운전수의 육체와 대뇌를 개조함으로써 잠을 자지 않거나 쉬지 않고서도 일할 수 있을 뿐만 아니라 고속도로의 고독한 심야 운송에도 견딜 수 있는 강인한 마음을 만드는 기술을 이미 개발하고 있다고 한다. 그러나 그 결과는 살인 운전조차 아무렇지 않게 할 수 있는, 사람 아닌 사람이 만들어질 뿐이다. 현대의학은 인간의 마음이 일어나는 곳을 찾을 수 있다고 여기고 있는데, 그것 자체가 착각이다. 의사는 인간의 감정을 지배할 수 있는 이가 누구인지를 모른다. 유전자의 재구성 따위로 감정을 조절할 수는 없다. 현대는 의사를 진찰하는 의사, 사람 위의 사람을 필요로 하는 시대가 되었다.

마음을 진단할 수 있는 것은 의사의 청진기가 아니라 진심이다. 마음이 정상인지 아닌지는 육체의 마음을 떠난 자리의 마음만이 진단하고 판단할 수 있다. 우주의 마음, 참다운 중심, 요컨대 참마음이 자신에게 깃들면 갈대 속으로도 하늘을 엿볼 수 있다. 하지만 참마음이 없는 사람은 이 세상 무엇 하나도 알 수 없다."

"무엇 하나 알 수 없다고 하는 것은 좀…?"

"인간은 하나의 점, 하나의 선이 무엇인지조차 모르고 있다는 것을 모르고 있다."

"그 증거는요?"

"예를 들면, 십자가의 의미를 아느냐, 이해할 수 있느냐 하면 사람들은 점 하나하나를 좌우로 늘어놓아 가로선을 그리고 상하로 이어서 세로선을 그을 수 있다. 하지만 이렇게 사람들이 알고 있는 십자가란 점의 종과 횡의 연장에 지나지 않는 선(시간)과 선의 교차에 의해서 확인된 점(공간)을 알고 있다는 것에 지나지 않

는다. 그것은 상대적인 시공 개념에 지나지 않는 것으로 진정한 의미의 한점, 한선의 십자(十字)를 안 것이 아니다. 그러므로 그리스도교도는 될 수 있어도 그리스도는 될 수 없다. 시공을 안 것이 아니다. 한점, 한선이 시공이며 십자가다. 일사(一事)가 만사(萬事), 십자의 마음을 알면 만사의 마음을 알 수 있다.

앞의 그림들이 자네들이 보기에는 하나인가 아니면 각기 다른가? 모든 것이 뿌리는 같으나 모양이 다를 뿐이다. 하나가 있을 뿐인데, 그것은 무(無)의 소용돌이라고 해도 좋다. 인간은 분별해서는 안되는 한뿌리 한마음을 나누고, 구별하지 않으면 안되는 사람의 마음과 신의 마음을 구별하지 못한다. 이 세상의 모든 것은 무에서 나서 유가 되고, 다시 무로 돌아가므로 유에서 무가 된다. 유는 발달, 팽창 끝에 하늘로 사라지며 없어지는 듯 보이지만 다시 응결하고 결빙하여 눈이 되어 땅 위로 나타난다. 본래 동서(東西)가 없고, 천지를 나누지 않고, 시공을 모르는 것이 신의 마음. 신은 무심하게 하늘의 운행에 따르므로 그릇됨이 없고, 사람은 모르면서도 안다고 믿고 하늘의 운행에 간섭을 하기 때문에 잘못을 범한다. 하늘은 말이 없고 사람은 말이 많다. 하늘은 말이 없지만 말을 하고, 사람은 많은 말을 하고도 말이랄 것이 없다."

문득 보니 이미 해가 지고 발밑에 땅거미가 깔렸습니다. 우리 모두에게도 침묵이 찾아왔습니다.

제5장
현대인의 병든 식이

자연식의 원점

자연식이란 무엇인가

제가 사는 산오두막에는 3년째 함께 자연농법으로 농사를 지으며 현미 채식을 계속하고 있는 청년이 있습니다. 그 청년이 어느 날 불현듯 투덜거렸습니다.

"요즘 저는 자연식이 뭔지 모르겠다는 느낌이 들어요."

생각해보면 자연식이라는 말만큼 일반인이 잘 알고 있다고 여기는 말도 드물 것입니다. 자연에 있는 것을 그대로 먹는 것이 자연식이다, 이렇게 막연히 생각하는 사람이 있는가 하면, 농약이나 화학첨가물이 들어가 있지 않은 식품을 먹는 것이 자연식이라고 생각하는 사람도 많습니다.

사실 자연식은 메이지시대의 이시즈카 사겐(石塚左玄)으로부터 시작하여 니키(二木), 사쿠라자와(桜沢両)와 같은 사람들에 의해서 대부분 완성됐습니다. 자연식이란 음양(陰陽)사상이나 역경(易経) 사상을 근거로 해서 세운 무쌍(無雙)원리에 기초를 둔 식양(食養)의 도(道)에서 출발한 말입니다. 보통 현미 채식을 중심으로 하기 때문에 일반인들에게는 자연식이 현미를 먹는 운동 정도로 이해되고 있습니다만, 그러나 자연식이란 현미 채식주의 정도로 간단히 정리해도 될 그런 것이 아닙니다. 그래서 오늘은 자연식이란 무엇이냐에 대한 솔직한 의견을 털어놓으려는 생각에 이야기를 시작합니다.

"자연이나 자연식에 관해서는 누구나 다 잘 알고 있다고 여기고 있다. 그러나 정작 자연이 무엇인가를 물어보면 명료하게 알고 있는 사람이 없다. 예컨대 불과 소금을 이용하여 요리를 해서 먹는 것은 자연식이냐, 아니냐는 것이다. 고대인들처럼 자연 그대로의 동식물을 날로 먹는 것이 자연스럽다면 불이나 소금을 사용한 식이는 자연식이라고 할 수 없다. 그러나 지혜를 가지고 태어난 것이 인간의 숙명이라면 불이나 소금을 사용한 음식도 자연식이 된다. 그런데 인간의 지식은 과연 좋은 것일까, 나쁜 것일까? 인간이 지혜를 사용한 먹을거리가 좋은 것일까, 아니면 자연 그대로의 것이 좋은 것일까? 그리고 농작물을 우리는 자연이라고 할 수 있을까? 그리고 그 한계는?

문제는 인간의 앎에 두가지 길이 있고, 자연에 대한 해석에 또 두가지 길이 있는데, 이 두가지가 구별이 안되고 혼동된다는 데 있다. 그 두가지란 무분별의 예지와 분별의 지혜다. 무분별의 예지는 분별에 의하지 않고 직관으로 인식하는 방법 이외에는 달리 길이 없기 때문에, 일반적으로 관념적으로 인정되고 있을 뿐 실제로는 무시되고 있는 지혜다. 인간은 분별에 의해서만 정확한 인식이 가능하다고 믿고 있기 때문에 실제로 세간에서 통용되고 있는 앎은 어느 것이나 분별지의 범위를 벗어나지 못한다. 그러므로 일반인들이 말하는 자연이란 모두 분별지에 따라 파악된 자연에 불과하다.

이 두가지 지혜는 서로 대립하는 것으로, 전자는 부정되고 후자만이 긍정되며 위세를 부려왔다. 인간의 분별지는 자연을 떠난 인간만의 것으로 앎은 앎을 낳으며 발달하지만, 홀로 걷기를 하는 때문에 고독한, 이정표가 없는 끝도 없는 길을 방황하게 될 뿐이다. 인간의 지혜는 절대적 인식이 아니다. 인간의 지혜는 자연의 실상을 파악하지 못한 채 가짜 자연을 붙잡고 그것을 자연이라고 착각하고 있다. 그러므로 이러한 인간의 앎은 영원히 불완전하며 부자연한 앎으로서의 운명을 면할 수가 없다. 그것은 인간을 혼돈의 무간지옥(無間地獄)에 빠뜨릴 뿐이다. 내가 무분별의 지혜를 좋아하고 분별지를 싫어하는 것은 이 때문이다.

나는 무분별의 예지로써 인식한 자연을 진짜 자연이라고 하고, 인간이 만들어낸 분별지에 의한 자연을 허상의 자연이라고 하여, 양자를 명확히 구별하며, 후자인 분별지를 부정한다. 이 허상의 자연, 자연이 아닌 것 일체를 배제함으로써 이 세상의 모든 혼란을 그 바탕으로부터 제거할 수 있다고 보고 있는 것이다.

분별지에 의해서 서양에서는 자연과학이 발달했고 동양에서는 음양, 역(易)의 철학이 태어났다. 그러나 과학적 진리는 절대진리가 될 수 없고, 철리(哲理) 또한 이 세상을 해석하는 데 머물 수밖에 없다. 자연과학이든 음양이나 역의 철학이든 어느 것이나 분별을 출발점으로 한 상대관이라는 점에서는 다를 것이 없다. 둘 다 상대를 초월한 자연 그 자체의 모습을 알고, 자연 전체의 모습을 파악한 자리에는 이르지 못하고 있는 것이다.

결과로부터 보자면, 과학적 지혜로 파악된 자연이란 이미 파괴되어버린, 형체는 있으나 영혼이 없는 유령이다. 한편 철학적으로 파악한 자연은 인간의 마음으로 조립한, 이론에 지나지 않는, 영혼은 있으나 모양이 없는 유령이다. 한송이의 흰 백합꽃을 즐기는 데 과학적으로 합성하거나 철학적으로 해석하거나 할 필요는 조금도 없지 않은가. 자연의 본체를 알려면 분별심을 버리고 무분별심으로써 상대세계를 초월하여 자연을 보는 길밖에 없다. 자연을 무분별의 마음으로 보면, 본래 동서(東西)가 없고, 사계절도 없고,

음양도 없다."

여기서 한 청년이 끼어들었습니다.

"그렇다면 선생님은 자연과학은 물론 동양의 음양사상이나 역경에 기초를 둔 철학의 이치조차 부정하시는 것입니까?"

"일시적인 편법으로서, 혹은 도표로서의 가치는 인정될 수 있겠지. 그러나 그것을 최종적인, 최고의 것이라고 생각해서는 안된다는 거다. 자연과학의 진리나 철리는 상대계에 속한 것으로, 그 세계에서 통용되고 가치를 인정받는다. 예를 들어 상대계에 살며 자연의 질서를 파괴하며 스스로 자신의 몸과 마음의 붕괴를 초래하고 있는 현대인들에게는 자연과학이나 음양이론이 매우 정확한 질서 회복의 지침이 되는 것도 사실이다.

그러나 음양이론은 나침반 구실은 하지만 최종 목표까지 제시해주지는 못한다. 음양 이원은 근원의 일원으로 돌아갈 때까지 필요한 것으로서 음양을 초월한 세계로 들어가면 사명을 마친다. 즉 참다운 자연식(바른 식사, 바른 행동, 바른 깨달음을 이룬 사람의 식사법)에 도달할 때까지의 수축·응결된 식사를 취하는 데 도움이 되는 원리라고 할 수 있다. 그러나 인간의 궁극 목표가 상대계를 초월해서 자유로운 세계에서 노니는 것이라는 사실을 알고 나면, 상대적인 원리에 집착하여 밑바닥을 헤매는 행동을 스스로 용납할 수 없게 된다. 궁극의 목표를 잃은 채 그 수단이나 도구를 목적으로 착각하는 것은 비극일 뿐이니까."

"그러면 자연인(眞人)이 되면 자유롭게 아무거나 먹어도 좋다는 것인가요?"

새로 온 한 청년이 부쩍 관심을 보이며 물었습니다.

"터널 속에서 터널 저쪽의 밝은 세계를 기대하면 오히려 터널의 어둠이 더욱 길게 느껴지지 않던가? 그런 것처럼 맛있는 것이 먹고 싶다면 밥상에 진수성찬을 차리기 전에 우선 맛없는 것을 먹을 일이다. 맛있는 걸 먹고 싶다는 따위의 이야기를 더이상 하지 않게 될 때 진짜 맛을 즐길 수 있게 된다는 거다. 그때야말로 음식을 정말로 맛있게 먹을 수 있다. 자연 속에서 살며 자연의 것을 자연스럽게 섭취한다. 다만 이것뿐인데, 그것이 분별지로 흐트러지고 야욕에서 출발한 기호에 미혹됨으로써 불가능하게 되지. 자연 속에서 살며 자연의 것을 자연스럽게 섭취하는 것이 가능해지기까지의 길은 멀다. 그 길잡이가 음양의 길이야. 먼저 음양의 도를 철저히 지키면서 점차 그 길을 넘어가지 않으면 안되네."

자연식의 방법

자연식과 자연농법은 표리일체이다

자연식에 관한 제 생각은 자연농법과 똑같습니다. 참 자연, 즉 무분별지에 의해 파악된 자연에 순응하는 것이 자연농법이었던 것처럼, 참다운 자연식이란 자연에서 얻어진 먹을거리나 자연농법에 의한 농작물, 자연어업에 의한 물고기와 조개 등을 무작위로 취하는 식사법이라고 해도 좋습니다. 그리고 분별에서 출발한 상대적인 지혜에 의한 작위를 배제하고, 또한 철리에 의한 구속에서도 점차 벗어나서 최종적으로는 그것을 부정하고 초월해가는 것입니다. 그러나 무작위·무수단이라 하더라도 무분별의 지혜로부터 얻어진 생활의 지혜는 물론 허용될 수 있습니다. 불과 소금을 사용한 요리는 인간이 자연의 예지를 어긴 첫 지혜였다고 말할 수 있지만, 그것은 자연의 예지를 초기의 인류가 체득한 것으로 보는 것이 옳을 것입니다. 요컨대 그것은 오히려 하늘로부터 부여받은 생활의 지혜로 받아들여도 좋다는 것입니다. 몇천, 몇만년간 인간 사이에서 정착된 농작물도, 이미 농부의 분별지에서 태어난 인공 먹을거리라고 하기보다는 자연발생한 먹을거리라고 해도 무방할 것입니다. 물론 농학이 발달한 이후의 품종개량 농작물은 논외입니다. 양식된 어패류나 축산물도 당연히 배제되어야 합니다.

자연식과 자연농법은, 동전의 양면과 같은 관계입니다. 물론 자연어업이나 자연축산도 그렇죠. 의식주 생활, 정신생활 전체가 자연과 혼연히 융합되어 있지 않으면 안됩니다.

과학과 철리를 초월한 자연식

서양 영양학이나 동양의 음양학에 기초를 두고 다시금 그것을 초월하는 것을 목표로 삼는 자연식의 이해에 도움이 될까 하여 다음 도표들을 그려보았습니다.

〈그림1〉은, 음양 무쌍(陰陽無雙)의 원리에 의거하여 사계절의 색깔에 맞는 먹을거리를 대강 배열한 것인데, 사계절을 그 자체가 순환하고 바뀌는 한 물체라고 보고 중앙에 놓았습니다. 여름은 더운 '양(陽)'의 계절, 겨울은 추운 '음(陰)'의 계절 ― 빛깔로 표현하자면, 여름은 적색·등자색, 봄은 갈색·황색, 가을은 녹색·청색, 겨울은 남색·자색이 됩니다. 양인 여름에는 음성 먹을거리를, 음인 겨울에는 양성 먹을거리를 먹는데, 이처럼 음양의 조화를 취한 배색의 식사를 하면 좋습니다. 또한 동물 고기는 양성이고, 식물은

음성입니다. 곡물은 중성입니다. 인간은 양성인 잡식성의 동물이라는 사실로부터 중성인 곡류를 주식으로 하고, 되도록이면 음성인 채식을 하고, 극양인 육식을 피하는 것이 좋다는 이법(理法)을 사람들은 고안해왔습니다.

그러나 음이다, 양이다, 산성이다, 알칼리성이다, 나트륨이다, 마그네슘이다, 비타민이다, 미네랄이다며 그런 것에 너무 신경을 쓰며 깊이 들어가면(물론 의학적 혹은 병 치료에서는 필요하지만) 과학의 영역에 들어가는 꼴이 되므로, 가장 중요한 분별지로부터의 탈출을 망각하기 쉽습니다.

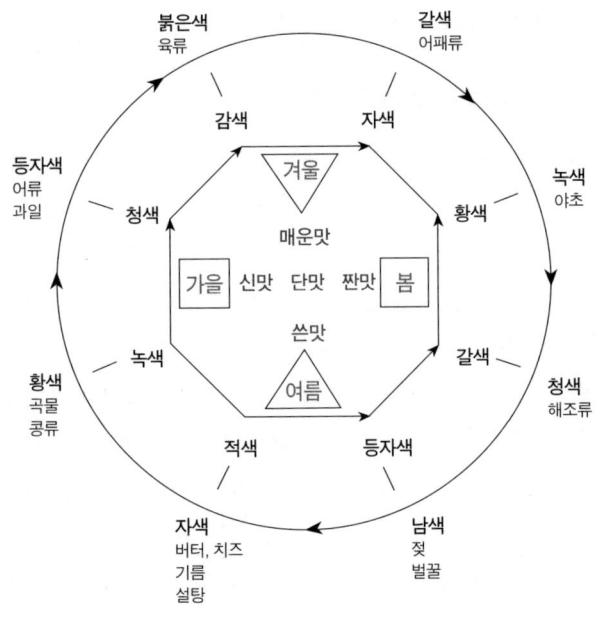

그림1. 사계절의 색깔과 식품의 색깔 (음양표)

〈그림2〉는, 이 지상에서 인간이 용이하게 식량으로 삼을 수 있는 것들을 모아서 정리해본 것인데, 이것을 보면 얼마나 많은 식량이 우리 인류를 위해 지상에 준비되어 있는가 하는 데에 놀라게 됩니다. 이 동식물의 발생계통도는 그대로 자연의 만다라라고 해도 좋습니다. 깨달음 속에서 사는 사람이 보면, 이 세상 동식물은 어느 하나 빠짐없이 일체의 것이 법열계의 신비한 진미, 진수성찬이 됩니다. 그러나 애석하게도 자연에서 이탈한 인간은 이 자연의 향응을 그대로 향수할 수 없습니다. 엄격히 자기멸각을 이룬 자들만이 비로소 자연의 모든 은총을 받을 수 있는 것입니다.

　〈그림3〉도 각 계절의 먹을거리를 만다라 풍으로 그려본 것입니다. 서양 영양학이나 음양의 이치를 모르더라도 하늘의 배려에 따라 무심히 각 계절의 먹을거리를 취해 먹으면 완전한 자연식이 저절로 될 수 있다는 것을 표시한 것입니다. 때와 경우, 건강상태에 따라서 섭생은 변화하는 것이 원칙입니다.

　이러한 도표의 이치 따위는 알려고도 하지 않는 농부나 어부가 아무 생각 없이 먹고 있는 식사는 어떤 식사이며, 그것이 자연의 이치에 어떻게 합치되어 있는지에 대해 살펴보기로 합시다.

　초봄, 갈색의 대지에서 봄나물이 싹틀 때부터 농부는 여러가지 나물 맛을 볼 수 있습니다. 그리고 자연은 봄나물과 짝이 되도록 갈색의 먹을거리를 대표하는 조개류를 준비해줍니다. 이른 봄 우렁이나 바지락, 바다의 대합, 소라 등이 맛있게 느껴지는 것은 자연의 신비라고 하지 않을 수 없습니다.

　녹색의 계절이 되면 고사리, 취, 고비, 땅두릅과 같은 산채는 물

그림2. 식품의 만다라

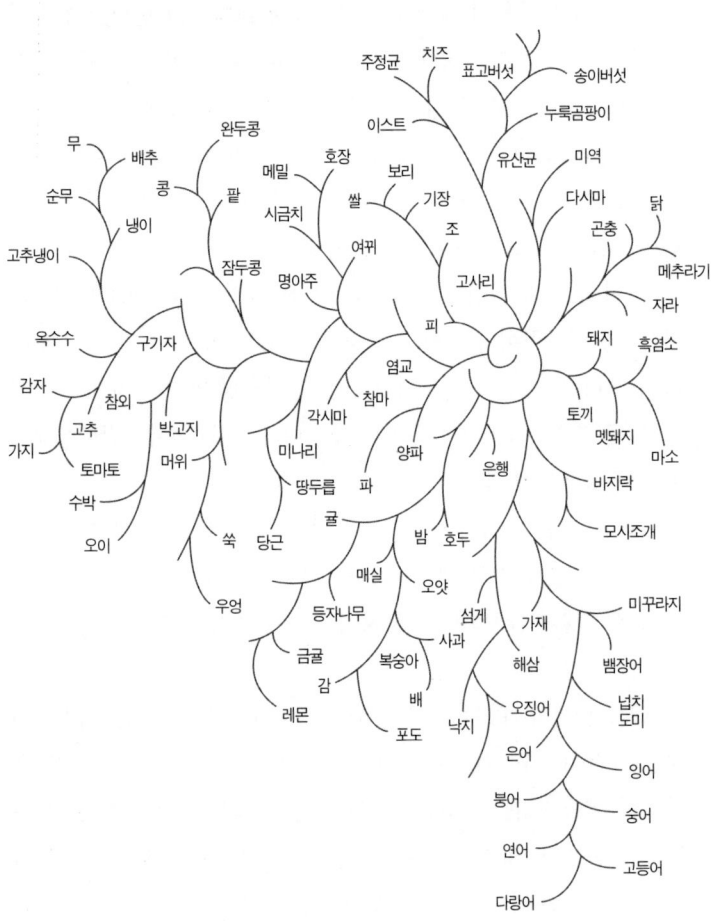

그림 3. 계절별 식품의 만다라

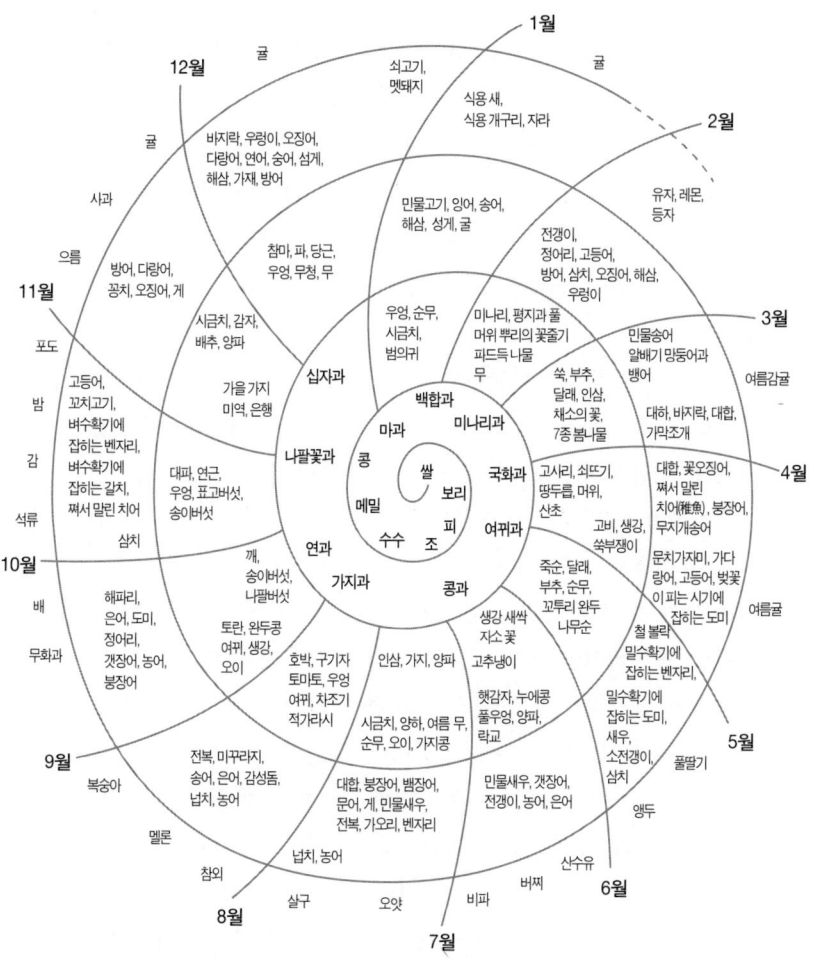

제5장 현대인의 병든 식이

론 감과 복숭아와 마의 어린 잎 등 먹을 수 없는 것이 없을 정도입니다. 그것들은 맛이 있을 뿐만 아니라 약도 됩니다. 새순이 돋을 때면 죽순과 볼락이 맛있습니다. 보리 벨 때가 되면 도미나 전갱이가 많아지며 맛도 있습니다. 봄에는 또한 푸른색 먹을거리라 할 수 있는 미역, 다시마 등 해조가 맛있습니다.

장마가 끝날 즈음 푸른 매실을 땁니다. 염교의 시원한 맛과 함께 수분이 많은 과일인 비파, 살구, 복숭아 등을 우리 몸이 좋아하는 것은 너무 당연한 일입니다. 비파는 잎을 달여서 먹으면 백약의 으뜸, 복숭아나 감도 잎을 이용하면 똑같이 불로장생의 약이 됩니다.

극양인 한여름에는 산들바람이 부는 나무 그늘 아래서 음성인 참외를 먹고 우유를 마시고 벌꿀을 맛보는 것도 좋습니다. 참기름과 같은 식물성 기름도 여름 몸에는 필요합니다.

초가을이 되면 갖가지 과일이 익어가며 황색 식품인 콩이나 팥과 같은 잡곡을 거두어들이게 되는 것도 재미있습니다. 달 구경을 하며 먹는 수수팥떡, 토란에 곁들이는 풋콩. 가을이 깊어지면 수수팥밥, 송이버섯밥, 밤밥 등도 자연의 섭리에 맞습니다.

여름의 양성(陽性)을 충분히 흡수한 벼가 가을이 되면 여무는 것은 그 무엇보다도 고마운 일입니다. 벼는 음성인 겨울 생활에 꼭 필요한 양성 에너지를 듬뿍 간직한 주곡이기 때문입니다. 또하나의 주곡이라 할 수 있는 보리는 음성입니다. 이 보리가 봄이면 익어 보리밥이나 냉국수, 소면, 가락국수 등으로 식욕이 감퇴한 여름 입에 맞는 것도 묘하다면 묘한 일입니다. 여름에서 가을까지 자라는 메밀은 극양의 잡곡인데도, 여름에 없어서는 안되는 식품이라는 점도 불가사의한 일입니다.

가을을 사람들은 꽁치를 굽는 계절이라고 합니다. 서리가 내리기 시작하면 구운 새를 파는 집에 자꾸 마음이 끌리지요. 극양의 푸른 물고기인 방어나 다랑어가 이 계절에 잘 잡히고 맛있는 것 또한 그 원인은 이 시기 때문입니다. 시기가 음성일 때 양성인 물고기가 맛있는 것 역시 자연의 배려일 것입니다. 또한 이때는 무나 엽채류가 흔해서 물고기와 함께 내놓으면 훌륭한 조화를 이루는 것도 흥미로운 일입니다. 소금에 절이거나 구워서 음성인 물고기를 양성 식품으로 바꾸는 지혜도 인간은 갖고 있습니다. 이렇게 섭생은 하기에 따라 즐거운 하나의 예술품으로 격이 바뀌기도 합니다.

앞에서도 이야기했지만, 불과 소금은 원시인의 분별지였다기보다는 생활의 지혜로, 자연인이었던 원시인이 자연의 묘미에 감응한 결과입니다. 소박한 자연 그대로의 바다소금을 쓰고 초목을 태워서 하는 요리는 그 자체로 예술입니다.

정초 설 음식도 마찬가지입니다. 소금에 절인 연어, 말린 청어 알, 다시마, 검정콩 등을 준비하는 지혜, 거기에 적색 물고기인 도미, 왕새우를 조화시키는 것은 단순히 농부의 지혜라기보다는, 자연과 인간이 일체가 될 때 비로소 나타나는 무분별의 예지인 것입니다. 그리고 몹시 추운 겨울에는 파나 양파를 넣은 오리나 들짐승의 고기가 몸을 따뜻하게 해줍니다. 먹을거리가 부족할 듯싶은 겨울에도 가을에 거둬들인 채소의 절임류 그리고 굴, 성게, 해삼과 같은 해산물이 사람을 즐겁게 해줍니다.

봄을 기다리는 동안에는, 눈 속에서 모습을 드러내는 머위와 범

의귀 새순을 먹을 수 있습니다. 이어서 미나리나 냉이, 별꽃 등을 즐기고 있는 동안, 다시 찾아온 봄은 창 아래까지 와있습니다.

이와 같이 사계절의 먹을거리를 가까운 곳에서 조금씩 얻어 그 맛과 묘미를 음미하면서 조용히 살아가는 양생 속에서 우리는 하늘의 은혜로운 배려를 엿볼 수 있습니다. 또한 자연의 섭리에 따라 자연을 섬기며 무심히 살아가는 소박한 인생 속에 오히려 장대한 인간의 드라마가 숨어있다는 것을 알 수 있습니다.

이 한사람의 농부와 어부의 식사가 그대로 시골 사람들의 일반적인 식사이기도 한 것입니다. 다만 그 맛을 알 뿐, 자연의 묘미는 알아차리지 못하고 있을 뿐입니다. 아니, 알고 있으면서도 말하지 않을 뿐입니다. 자연식은 바로 발밑에 있습니다. 욕심 없이 무심히 사는 농어촌 사람들은 하늘의 이법에 기초를 둔 식생활을 하고 있다고 말할 수 있습니다.

먹을거리의 본질

대개 사람들은 먹을거리란 것을 왜 취하느냐 하면 생명의 양식으로서 인간의 신체를 기르고 목숨이 다할 때까지 생명을 유지시켜야 하기 때문이라고, 그렇게밖에 생각하지 않는 경향이 있습니다. 그러나 그보다 큰 문제는 음식물이 인간의 마음과 어떤 관계를 갖고 있느냐는 것입니다. 동물은 먹고 놀고 자는 것으로 족합니다. 인간도 역시 쾌식, 쾌변, 쾌면이 안되면 안됩니다. 먹는 것이 맛있고, 잘 싸고, 또 즐겁게 잘 자는 사람이야말로 진인인 것이지요. 그런데 맛있다는 것은 무엇일까요? 자양분과 함께 이것은 물질의 문제이기도 하고 마음의 문제이기도 합니다.

석가모니는 색즉시공(色卽是空)이며 공즉시색(空卽是色)이라고 했습니다. 불교에서 '색'은 물질을 가리키고, '공'은 마음(정신)이기 때문에, 물질과 마음이 하나라는 뜻이 됩니다. 물질에는 여러가지 다른 색깔, 형태, 성질이 있고, 이것에 대하여 마음도 여러가지로 움직입니다. 물질과 마음이 하나(物心一如)라고 하는 것도 이것을 가리키는 것이라고 보면 좋을 것입니다. 색이라는 말이 물질을 가리킨다고 하는 것도 물질의 본질이 우선 색에서 나오기 때문일 것입니다. 그러면 먼저 색깔의 측면에서 먹을거리의 본체를 살펴봅시다.

색깔

이 세상에는 일곱가지 색이 있는데, 각기 별개의 색깔로 보입니다. 그런데 이 일곱가지 색을 합치면 흰색이 됩니다. 본래 하나인 백색광이 프리즘으로써 분광되어 일곱가지 색깔로 나눠진 것뿐이라고 할 수 있습니다. 인간이 무심에서 보면 무색이고, 유심에서 보면 칠색(七色)의 마음이 일곱가지 색이 됩니다. 마음이 곧 색깔, 색깔과 마음이 본래 하나라고 보면 좋은 것입니다. 물(水)은 끊임없이 변화하지만, 물은 본래 물인 것처럼 마음 역시 천만번 바뀌더라도 본래 부동의 마음은 하나입니다. 근원의 색깔 또한 하나이기 때문에 인간이 함부로 구별해서는 안됩니다. 요컨대 중요한 것은 색에는 일곱가지 색깔의 차이가 있다고 하더라도 근본적으로 동일한 가치를 지닌다는 것입니다. 일곱가지 색의 색깔과 향기에 미혹이 되면 근본을 깨닫지 못하고 지엽말절에 빠지기 쉽다는 뜻입니다.

먹을거리 또한 그렇습니다. 자연계에는 인간의 식량이 될 수 있는 온갖 먹을거리가 있는데, 부분적으로 보면 좋은 점, 나쁜 점이 있기 때문에 인간은 그것들 중에서 선택해서 조화된 배색, 즉 조합을 하지 않으면 안된다고 사람들은 생각합니다. 그리고 또한 언제 어디서나 여러가지를 많이 먹을 수 있으면 그것으로 좋다고 간단히 생각합니다. 이것은 잘못된 생각입니다. 인간의 앎은 어디까지나 하늘의 배려에는 미치지 못합니다.

앞에서 자연에는 본래 동서가 없고, 좌우도 음도 양도 없다, 중심이니 중용이니 하지만 그것은 인간의 입장에서 본 상대적인 중심이고 중용에 지나지 않는 것이지 절대적인 중심이나 중용은 될 수 없다는 이야기를 했습니다. 음과 양, 일곱가지 색깔이라는 것도 요동하는 인간의 마음과 물질이 서로 얽혀서 만들어낸 것이므로 때와 장소에 따라 끊임없이 변하여 멈출 줄 모릅니다. 자연의 색깔은 수국 꽃처럼 변하기 쉽습니다. 자연의 본체는 유전(流転)이고 변화입니다(영원한 유전이기 때문에 부동의 유전이라고도 할 수 있지만). 바뀌는 사계절의 먹을거리에 이론을 세울 때 자연은 고정되며 죽어버립니다.

자연식의 목적은, 능숙하게 해설을 해가며 여러가지 먹을거리를 선택하는 지혜 있는 사람을 만들자는 것이 아닙니다. 자연의 품으로부터 무심히 먹을거리를 취하더라도 천도에 어긋나지 않는, 즉 앎(지혜)에서 벗어난 무지한 인간을 만들기 위한 것입니다. 손오공의 여의봉은 무조건 휘두른다고 도움이 되는 것이 아닙니다. 수축 소멸할 수 있을 때 비로소 원통무애한 것입니다. 동양의 철리 또한 스스로 자신의 입장을 버릴 수 있을 때 비로소 진짜 목적을 이룰 수 있습니다. 색깔에 미혹되지 말고 무심하게 색 없는 색깔을 색깔로 삼는 데서부터 참다운 식이법은 시작됩니다.

맛

색깔 다음으로 맛의 측면에서 먹을거리의 본질을 살펴봅시다.

사람들은 먹어보지 않고서는 알 수 없다고 합니다. 그러나 먹어본다고 하더라도 때와 장소에 따라서 맛있게 먹기도 하고 맛없게 먹기도 합니다. 맛의 본체는 무엇이고, 어떻게 맛을 파악할 수 있느냐고 물으면, 과학자는 식품의 성분을 분석합니다. 분석해서 나온 미네랄의 질이나 양과, 달고 시고 쓰고 짜고 매운 다섯가지 맛과의 상관관계를 조사함으로써 맛이 무엇인지 해명할 수 있다고 믿고 있지요. 그러나 맛이란 분석기계나 혀끝의 감지에 의해서 해명될 수 있는 것이 아닙니다.

오관에 의해 다섯가지 맛을 감득할 수 있다 하더라도, 맛을 구별하는 인간의 본능 그 자체가 교란되어 있다면 진짜 맛을 알 수 없겠지요. 예를 들어, 과학자는 맛있다든가 즐겁다는 감정이 생긴 뒤의 마음의 움직임이나 육체의 반응은 조사할 수 있을지 모릅니다. 그러나 그 이전에 인간의 기쁨이나 슬픔의 감정이 어떻게 해서 생기는가는 알 수 없습니다. 컴퓨터에 입력해서 알 수 있는 문제가 아닙니다. 컴퓨터를 제작하기 이전의 문제가, 문제인 것입니다. 맛있는 것은 단맛이라고 입력이 된 컴퓨터에 맡기면, 쓴 것이 맛있다는 결과는 결코 나오지 않겠지요. 이와 같습니다.

본능을 조사하는 본능, 지혜를 조사하는 지혜는 없습니다. 봄의 일곱가지 풀 — 냉이, 별꽃, 미나리, 광대나물, 순무, 무, 떡쑥에는 일곱가지 맛이 있는데, 그것이 인간의 미각에 어떻게 작용하는가를 조사하는 것이 중요한 것이 아닙니다. 현대인은 이미 본능을 잃어버려 봄나물 따위는 뜯어 먹으려고도 하지 않게 된 것이 문제입니다. 눈·귀·입이 모두 완전히 작동을 멈춘 것입니다. 문제는, 눈은 참다운 아름다움을, 귀는 자연의 소리를, 코는 고상한 향기를, 입은 진짜 맛을, 마음은 참된 것을 파악하고 전달하는 능력을 잃었다는 점입니다. 미친 인간의 지혜와 마비된 인간의 본능으로 파악한 맛은 진짜 맛이라고 할 수 없습니다.

이 말을 듣고 한 청년이 물었습니다.

"인간의 미각이 혼란되어 있다고 하시는 증거는 무엇입니까?"

"혼란돼 있기 때문에 사람들이 맛을 찾는다고 할 수 있다. 혼란을 겪지 않는다면 스스로 정확히 알 것이 아닌가? 판별이나 추구는 필요없는 일이지. 자연인(진인)은 무차별적으로 먹어도 본능이 온전하게 살아있기 때문에 모든 것이 저절로 이치에 맞고, 어느 걸 먹어도 맛있고, 자양이 되며, 약이 된다. 그러나 속인은 그릇된 앎으로써 판별하며 본래의 능력을 잃어버린 오관으로 온갖 것을 얻고자 하기 때문에 식이가 혼란스럽지. 좋고 나쁨의 골이 깊어지고, 자연히 편식을 하게 되고, 그럴수록 점점 본능의 혼란이 심해지고 진짜 맛을 모르게 됨에 따라 맛있는 음식 또한 점점 줄어드는 거지."

"먹을거리와 인간의 마음이 서로 떨어져 있는 것이 문제가 되는군요?"

"그렇다. 진짜 미각은 참 오관인 마음의 눈과 마음의 귀와 마음의 향기와 마음의 뜻에 따라 지각되는 것으로서, 먹을거리의 맛과 마음이 혼연일체가 되어있지 않으면 안된다. 보통 맛의 근원이 먹을거리 속에 있다고 생각하고 있는 사람은 단순히 혀끝으로 식사를 하기 때문에 인스턴트 음식의 맛에도 쉽게 유혹을 당하지.

 본능을 잃어버린 어른의 미각은 이제 쌀 맛도 모르잖는가? 현미를 10분도로 정미하여 쌀겨(건강의 요소)를 깎아버리고 백미(지게미)를 만들어서 먹고 있지. 쌀지게미인 백미가 맛이 없자 이번에는 그것을 보충하고 중화하기 위하여 고깃국물을 넣는다거나 생선회를 얹어서 먹는다. 이런 이유로 요즘 세상에서는 양념하여 맛을 내기 쉬운 쌀을 맛있는 쌀이라고 하게 되었지. 쌀 본래의 향이나 맛이 없거나 떨어지는 담백한 쌀을 질 좋은 쌀로 착각하고들 있다는 거야. 쌀지게미에 지나지 않는 흰쌀에서 무리하게 자양분을 섭취하려고 하지 않아도 영양은 다른 곳, 즉 육류나 어류에서 얻으면 된다고 안이하게 생각하고 있는 거지."

 "어느 식품에서 얻든지 단백질이면 단백질, 비타민B면 비타민B면 되지 않습니까?"

 "그것은 사고와 책임의 중대한 바꿔치기로서, 그렇게 되면 고기나 물고기도 동일한 운명에 빠지게 돼서 고기는 더이상 고기가 아니고, 물고기 역시 더이상 물고기가 아니게 될 테지. 석유단백질로도 훌륭하게 맛을 낼 수 있다며, 일체가 과학적 인공식품으로 바뀌더라도 그것을 깨닫지 못하는 사람으로 전락하기 쉽다는 거야."

 "하지만 쇠고기나 닭고기가 맛있다는 것처럼, 맛있는 것은 맛있다고, 요컨대 식품에는 맛이 있다고 보아도 좋은 것이 아닐까요?"

 "인간은 맛있는 것을 먹기 때문에 맛있다고 하는 것이 아니다.

맛있게 느껴지는 조건이 그 사람에게 갖춰졌을 때 비로소 맛있게 되는 것이다. 쇠고기나 닭고기도 그 자체에는 맛이 없다. 쇠고기나 닭고기도 육체적으로나 심리적으로 왠지 싫은 사람에게는 맛없게 느껴지는 것이 좋은 예다.

아이들은 즐겁기 때문에 즐거울 뿐이다. 아이들은 놀아도 즐겁고 아무것도 하지 않아도 즐겁지. 그러나 어른들은 즐거울 것이라고 확신하고 있는 어떤 조건, 예를 들면 텔레비전을 본다거나 야구를 관전하다 차차 재미를 느끼며 깔깔 웃기도 하는 것이지. 이와 같이 맛있는 것이 맛없는 것이 되기도 하고, 맛없는 것도 맛있다고 하는 관념을 제거하면 거꾸로 맛있는 것으로 바뀔 수 있다. 사람이 여우에게 홀려서 나뭇잎이나 말똥을 먹는다는 이야기가 있지만 웃을 일이 아니다. 현대인은 밥을 머리로 먹지 몸으로 먹지 않는다. 현대인은 밥을 먹으며 살아가는 것이 아니라, 관념이라고 하는 아지랑이를 먹으며 살고 있다는 이야기다.

인간은 최초에는 살아있기 때문에 먹었고 맛이 있기 때문에 먹었다. 그런데 현대인은 살기 위해 먹고, 그리고 맛있는 요리가 없으면 맛있는 식사는 불가능하다는 생각을 하게 됐다. 아무거나 맛있게 먹는 사람으로 자신을 바꾸면 되는데, 그것과는 반대로 맛있는 먹을거리를 찾는 쪽으로만 힘을 쏟아온 셈이야."

"그 사실조차 깨닫지 못할 만큼 사람들은 어리석다는 것인가요? 밥맛이 좋은 쌀 생산, 달고 맛있는 과일농사, 신선한 채소농사라고 하면서도 실제로는 점차 밥맛이 좋은 쌀이나 맛있는 과일이 사라지고 있는데 어떻게 된 일일까요? 요즘 도쿄에서는 맛있는 것이 없어졌다, 먹을 것이 없다며 고개를 갸웃거리는 사람들을 자주

볼 수 있어요."

"벼농사나 사과 농사나 맛있다는 조건 만들기에만 노력해온 탓에 진짜 맛에서 멀어지는 결과가 되고 말았다. 그런데 사람들은 미처 그 사실을 깨닫지 못하고 있네. 유감스러운 일이지만, 도시 사람들의 혀는 이미 마비되었고, 마음은 참다운 미각을 잃어버렸지. 맛있다는 조건을 갖추고 있는 것에 지나지 않는 것을 맛있다고 머리로 착각하며 스스로 속임을 당하고 있다. 그뿐만 아니라 맛있다고 하는 사실을 아무도 직시하려고 하지 않는다. 그리고 그것에 영합하는 생산자, 편승해서 이익을 보는 상인들만이 횡행하는 세상이 되어버렸네."

"진짜 맛있는 것은 어떻게 해야 맛볼 수 있습니까?"

"맛있는 것을 찾지 말고 공복으로 있으면 이 세상은 맛있는 것으로 가득하게 된다."

"제게는 인간의 요리나 맛의 추구 또한 생활의 지혜이자 문화의 하나라고 생각되는데, 그것이 모두 무가치한 걸까요?"

"참다운 맛의 추구, 진정한 요리는 자연의 묘미를 체득하는 데 있다고 말할 수 있다. 봄에 나는 산나물조차 떫은 맛을 우려내지 않고서는 먹을 수 없는 현대인은 자연의 맛을 맛볼 수 없지. 뿌리 채소류의 햇빛말림, 소금절임, 설탕절임, 된장절임 등 이들 절임류를 향의 근원이라며 요리의 집대성으로 삼았던 옛사람들의 생활의 지혜, 소금과 불의 조화에서 비롯되는 요리의 여러가지 맛, 식칼 한자루에 걸린 인생이라고 해도 좋은 요리인이나 주부의 손에서 만들어져 나오는 묘미가 누구에게나 통용되는 것은 그 모두가 자연의 맛을 살리고 있기 때문이다."

옛날에 귀족들은 몬코(聞香)라는 놀이를 했다고 합니다. 여러가지 향을 태우고 그 향기를 짐작해서 알아맞히는 놀이인데, 도중에 코가 말을 잘 듣지 않게 되면 무를 씹어서 후각을 되살렸다고 합니다. 이 이야기는 맛이라든가 향이 자연에서 스며나오는 것임을 단적으로 나타내고 있습니다.

요리가 자연을 가공해서 자연과 조금도 닮지 않은 기묘한 맛을 내어 사람들을 기쁘게 하는 것이 목적이 되면 사이비문화가 됩니다. 식칼 또한 검과 같아서, 사용하는 사람이나 경우에 따라 바른 것이 되기도 하고 삿된 것이 되기도 합니다. 한마디로, 선식일여(禪食一如)인 것입니다. 자연식의 참맛을 맛보기 위해서는 쇼진(精進)요리(채식요리, 일본의 사찰요리 - 옮긴이)나 가이세키(懷石)요리(불에 달군 돌이 배를 따뜻하게 하듯, 배를 따뜻이 할 정도의 가벼운 식사라는 의미로, 차에 곁들이는 간단한 요리 - 옮긴이)를 해야 합니다. 그러므로 농부가 흙 묻은 발로 갈 수 없는 고급요릿집 안방에는 부자연스러운 '가이세키(怪石, 일본어로 懷石과 발음이 같다 - 옮긴이)'요리는 있을지언정, 검소한 자연의 '가이세키(懷石)'요리는 이제 찾아보기 어렵습니다.

이로리 곁의 엽차 맛이 차 모임의 고급 차보다 맛있는 세상이 되면 차 문화도 끝입니다. 문화라는 것은, 자연을 떠나서 창조되고 유지되며 발전해온 인위의 소산이라고 흔히 사람들은 이야기합니다. 그러나 실제로 인간생활과 밀착된 참다운 문화로서 후세에 오래도록 계승되고 보존되어온 것은, 항상 자연의 근원(神), 그 근원을 향한 복귀에서 출발합니다. 자연과 인간의 융합 또는 합일이 이루어질 때 저절로 형성되어온 것입니다. 인간의 유흥이나 사치에서 비롯되는, 자연을 이탈한 문화는 참다운 문화가 될 수 없습니다. 참다운 문화는 자연 속에서 비롯되며 순수하고 검소하며 소박합니다. 그렇지 않으면 인간은 그 문화에 의해서 망하게 될 것입니다.

요리인의 식칼은 검과 같은 것으로서 선(禪)의 길과도 통한다고 앞에서 말했지만, 먹는다는 것은 곧 생명입니다. 식이법이 잘못되어 자연의 큰길에서 벗어나게 되면 생명을 손상 내지 상실시킬 뿐 아니라 인생 그 자체도 실패로 끝나게 되는 것입니다.

영양

이번에는 영양의 측면에서 먹을거리의 본질에 대해 이야기해 봅시다.

식사는 맛보다 신체를 기르고 유지하기 위해 하는 것이라고 흔히 말합니다. 맛이 없더라도 몸에 좋으니 먹으라는 말을 어머니들은 아이들에게 자주 하죠. 이것 또한 인간의 사고가 왜곡돼있다는 사실을 잘 나타내주는 예입니다. 미각과 영양을 분리하는 것은 우스꽝스러운 일입니다. 영양이 되는, 요컨대 인간의 몸에 좋은 먹을거리는 저절로 인간의 식욕을 돋웁니다. 맛있을 것이 틀림없어요.

옛날 이 부근 농부의 식사는 보리밥에 간장, 채소절임 정도로도 충분히 맛있었어요. 그것으로 장수했고, 체력도 좋았습니다. 한달에 한번, 삶은 채소에 곁들인 팥밥은 최고의 진수성찬이었죠. 그 정도의 식사로도 생활에 필요한 영양을 얻고 있었다는 이야기인데, 그것은 무엇을 의미할까요? 논밭일로 허기진 배에는 거친 식사도 맛있게 마련이고, 건강한 신체가 보잘것없는 식사를 영양식으로 바꿨다고 할 수 있습니다.

현미 채식 또는 국 한그릇에 반찬 한접시라고 하는 동양의 식사에 비해서, 서양의 영양학은 각종 영양분을 요구합니다. 탄수화물, 지방, 단백질 외에도 비타민, 미네랄(원소) 등 모든 영양분을 남김없이 갖춘 균형 잡힌 식사를 하지 않으면 건강을 유지할 수 없다고 생각합니다. 따라서 맛이 있느냐 없느냐는 둘째 문제로, 아이들의 입에 영양식을 억지로 밀어넣는 어머니들이 나오게 되는 것입니다.

서구의 영양학은 과학적으로 치밀한 계산 위에서 성립되어 있기 때문에, 언뜻 보기에는 언제 어디에 적용하더라도 아무 문제가 없을 것이라 생각하기 쉽습니다. 그러나 근본적으로는 커다란 화를 불러올 위험이 있습니다.

첫번째 문제는, 서양 영양학에서는 인간으로서의 목표가 없습니다. 서양 영양학은 인생의 궁극 목표를 잃어버린 맹목적인 인간의 식단표를 보는 느낌입니다. 서양 영양학에서는 자연에 가까이 다가가고자 한다거나 자연과 하나가 되고자 하는 노력을 볼 수 없습니다. 서양 영양학은 인간의 앎에 의지하고 그 앎을 과신하기 때문에, 오히려 반자연적이며 고립화된 인간을 만드는 데 도움이 되고 있는 듯이 보입니다.

두번째 문제는, 서양 영양학은 인간은 정신적 동물이라는 사실을 잊어버리고 있지 않느냐는 점입니다. 인간을 단순히 생물적·기계적·생리적 대상으로만 파악해서는 안됩니다. 인간의 생명과 육체는 매우 유동적입니다. 정신적으로 변화가 많은 동물인 것입니다. 생각하는 모르모트가 있는지 모르겠습니다. 그러나 하여튼 원숭이나 쥐를 재료로 하여 작성한 영양학을 인간에게 적용한다고 하는 것은 무리입니다. 인간의 먹을거리는 인간의 희노애락과 직간접적으로 결부되어 있습니다. 감정을 빼버린 식사는 의미가 없다고 할 수 있습니다.

세번째는, 서양 영양학은 부분적이고 한시적인 파악으로 시종일관하기 때문에 도저히 전체적인 통찰이 될 수 없습니다. 부품이 되는 재료를 아무리 풍부하게 갖추더라도 전체가 완전식에 가까워지지는 않습니다. 인간의 앎에 기초를 둔 부분적인(저민 쇠고기 같은) 재료를 모으면 모을수록 자연에서 멀어지는 불완전식이 나오게 됩니다. 일물 속에 만물이 있지만, 만물을 모으더라도 이 동양의 철리를 이해하지 못하고 있기 때문에 오류를 범하는 것입니다. 한마리의 나비를 분해하고 조사할 수는 있습니다. 하지만 인간은 나비를 날게 할 수는 없습니다. 설혹 나비를 날게 할 수 있다손 치더라도, 나비의 마음을 알고 나비와 함께 놀 수는 없습니다.

서양식 식단표 만들기 과정에서 서양 영양학의 잘잘못을 살펴보죠. 물론 주먹구구식 식사가 문제인 것은 두말할 나위도 없습니다. 영양을 골고루 갖춘 식사를 하기 위해서는 매일 어떤 것을 어느 정도 먹어야 하느냐를 고려해서 만든 것이 일반적인 식단입니다. 일례로 어떤 여자대학의 방법을 살펴봅시다. 이 학교는 4군 점수법(四群點數法)이라는 것을 채택하고 있습니다.

제1군 : 영양을 완전하게 섭취하기 위해 우유나 달걀과 같은 양질의 단백질과 지방, 칼슘, 비타민을 3점 상용한다.
제2군 : 살이나 피를 만드는 영양분으로 전갱이나 닭고기, 두부로써 3점을 섭취하도록 노력한다.

제3군 : 몸의 컨디션을 좋게 하는 비타민, 미네랄, 섬유질 등을 섭취하기 위해서는 담색 채소, 녹황채소, 감자, 귤을 3점 섭취하면 좋다.

제4군 : 에너지나 체온이 되는 당분, 단백질, 지방으로 흰쌀, 빵, 설탕, 기름을 11점 섭취한다.

80칼로리분이 1점이므로, 이것으로 1일 1,600칼로리를 섭취, 균형있는 식사를 할 수 있다는 것입니다. 쇠고기는 80그램이 1점, 콩나물류는 500그램이 1점, 귤은 200그램(2개), 포도는 120그램(1송이)이 1점입니다. 하루 필요한 칼로리는 귤은 하루에 40개, 포도는 20송이 정도 먹으면 섭취되지만, 균형이 갖춰지지 않기 때문에 각 군의 여러가지 식품을 혼식하는 것이 좋다는 것입니다. 언뜻 보기에는 지극히 상식적이고 큰 문제가 없는 것처럼 보입니다. 그러나 이것을 넓은 범위에서 획일적으로 실시하면 어떻게 될까요? 일년 내내 질 좋은 쇠고기, 계란, 귤, 빵은 물론 그 밖에도 세가지 색깔의 채소를 항상 준비하고 있지 않으면 안되겠지요. 대량 생산, 장기 저장 등의 대책도 필요합니다. 생산자가 겨울에 오이나 가지, 토마토 등을 재배하지 않으면 안되는 것도, 의외로 이런 서양 영양학의 사고방식에 원인이 있는지도 모릅니다.

사람들은 농부들에게 겨울에 우유를, 여름에 조기 출하되는 귤을, 봄에 감을, 가을에 복숭아를 재배해달라는 등의 요구를 머지않아 하게 될 것입니다. 여름도 없고 겨울도 없는 음식을 많이 모아 놓기만 한다고 균형있는 식사가 되겠습니까? 산천초목은 항상 최고의 균형을 유지하며 싹트고 성장하며 열매를 맺고 있습니다. 제철에 난 것이 아닌 채소나 과일은 부자연스럽고 불안전합니다. 10년, 20년 전처럼 비닐하우스 속이 아니라 태양 아래서 자연농법으로 짓던 가지나 오이 등은 이제 더이상 찾아보기 어렵습니다. 온실 속에서 겨울이나 가을에도 재배하는 가지나 토마토에, 옛날에 맛보았던 향이나 맛이 없는 것은 당연한 일이지요. 비타민이나 미네랄이 풍부하리라는 기대 역시 무리입니다. 이 모순의 근본원인을 과학자는 파악하지 못하고 있습니다.

영양학자는, 영양 분석을 통해서 여러가지 영양분만을 조합하는 방식이 착오의 제1원인이 되고 있다는 것을 모르고 있습니다. 음양의 원리에서 말하자면, 서양 영양학의 기준 식품인 고기, 우유, 닭, 전갱이 등은 극양의 산성식품입니다. 그리고 감자 또한 극음의 채소로서 일본인에게는 맞지 않습니다. 최악의 식품만을 모아놓은 꼴이죠.

농민 역시 제철이건 아니건 될수록 많은 종류의 작물을 재배하는 것이 식량을 풍부하게 하는 길이라 생각하며 여기에 아무 의심도 하고 있지 않습니다. 자연식이나 자연농법의 의미 등은 아예 생각조차 하려 하지 않습니다. 농업기술 지도자도 여기에 동조해서 새로운 식품의 개발이나 연구에 노력하고 있습니다. 유통업에 종사하는 사람이나 정치가는 시장에 언제나 다량의 식품이 놓여질 수만 있다면 그것으로 족하다고 생각하고 있습니다. 그러나 사실은 이와 같은 생각과 인간의 어리석은 행동이 인간을 파멸의 길로 끌어들이는 것입니다. 하지만 도착된 인간의 앎이나 과학의 환상에 관한 이야기는 여기서 그만두지요.

자연식에 대한 정리

이 세상에는 크게 나누어 다음의 네가지 식사법이 있습니다.

첫번째는 바깥 조건에 좌우되며 사욕이나 기호에 따르는 방만한 식사로서 머리가 앞서서 먹는 관념식입니다. 말하자면, 방종식입니다.

두번째는 생물학적 판단에서 영양식품을 섭취하며 육체의 생명을 유지하고, 기호의 확대에 따라 원심적인 진전을 계속해가는, 일반인의 육체 본위 영양식입니다. 말하자면, 물질적인 과학식이죠.

세번째는 서양과학을 초월하여 동양의 철리를 중심으로 삼아 먹을거리를 제한하며, 구심적인 수렴을 목적으로 하는 자연인의 정신적인 이법의 식사입니다. 일반인들이 자연식이라 하는 것은 이 단계에 들어갑니다.

네번째는 일체의 앎을 버리고 분별하지 않는 하늘의 뜻에 따르는 식사법입니다. 이것은 이상적인 자연식으로서 무분별식이라고 합니다.

사람은 우선 만병의 원인이 되는 관념식을 피해야 하고, 생물적 생명유지에 지나지 않는 과학식에 만족하거나 거기 머물러서는 안됩니다. 이법의 식사를 실천하면서 그것을 넘어 '이상의 자연식'을 행하는 진인이 될 것을 궁극의 목표로 삼지 않으면 안됩니다. 우선 이상식의 개념부터 살펴봅시다.

이상적인 자연식 — 분별이 없는 식사법

이상적인 자연식에서는, 인간은 인간 자신의 힘으로 살아가는 것이 아니라, 사실은 자연이 인간을 낳고 먹여 살리는 것이라는 입장에 섭니다. 진인의 밥상은 하늘이 줍니다. 먹을거리는 자연 속에서 인간이 선택하는 것이 아닙니다. 하늘이 인간에게 내주는 것입니다. 식이법은 먹을거리에 있으면서 먹을거리에 없고, 사람에게 있으면서 사람에게 없습니다. 먹을거리와 육체 그리고 마음이 자연과 완전히 하나로 융합될 때 비로소 진짜 자연식이 가능하게 됩니다. 말하자면 천인합일, 곧 분별이 없는 밥상을 차릴 수 있게 됩니다.

만약 그 사람이 진인이고 심신이 정말 건강하다면, 그는 자연 속에서 틀림없이 올바른 먹을거리를 가림 없이 취할 수 있습니다. 그 능력이 자연에 갖춰져 있는 것입니다. 몸에 맡기고 뜻에 따라 맛있으면 먹고 맛없으면 먹지 않는 융통자재(融通自在), 예컨대 무위(無爲)·무책(無策)으로 자유분방합니다. 그럼에도 최고의 묘미를 맛보는 이상식인 것입니다. 보통사람은 이와 같은 이상적 자연식을 궁극의 목표로 삼으며, 그 한발 전의 자연식을 먼저 실천하며 자연인이 되고자 정진하지 않으면 안됩니다.

자연인의 자연식 — 이법의 식사

자연에는 만가지가 있지만 하나도 남아도는 것이 없고, 하나 부족한 것도 없습니다. 자연의 먹을거리는 한가지 속에 전체가 들어가 있습니다. 곧 일물전체(一物全體)입니다. 이 일물전체 속에 모든 맛이 응결되어 있습니다. 자연은 언제나 일물전체이며, 전체 또한 일물로서 완전무결하게 조화를 갖추고 있다는 사실을 가슴 깊이 명심해야 합니다. 자연은 인간의 척도나 취사선택 그리고 조리와

배합을 허용하지 않는데, 생각해보면 당연한 일이죠.

인간은 우주의 원점, 질서, 자연의 윤회를 설명할 수 있고, 음양의 이치를 응용해서 인체의 조화를 도모할 수 있는 것처럼 보입니다. 그러나 그 한계를 모르고 이법에 사로잡혀서 인간의 앎을 내세우면, 미시적으로 하나의 물건이나 작은 일은 볼 수 있되 전체의 커다란 작용을 보지 못합니다. 한편 거시적으로 자연을 파악하고자 하지만, 발 아래 작은 일조차 깨닫지 못하는 어리석음에 빠져들게 됩니다.

인간의 앎은 어디까지나 자연 전체는 물론 자연의 일부도 알 수 없습니다. 요는 인간은 어디까지나 자연계의 고아라는 입장을 상기하며 앎을 버리고 자연에 귀순하는 것입니다. 이와 같이 자연의 배려에 공순하는 자세에 서는 것이 자연식을 열망하는 사람의 바른 태도입니다. 화식에 소금 절임, 조금 부족한 듯 먹는 소식은 물론, 가까운 곳에서 구할 수 있는 제철 음식을 먹으면 그것으로 충분합니다. 일물전체, 신토불이, 소역조식(小域粗食)을 철저하게 지켜가는 것입니다. 광역과식(廣域過食), 먼 거리의 것을 가져다가 많이 먹는 식사법은 세상을 혼란시키며, 사람을 병들게 만드는 출발점이라는 사실을 잘 알지 않으면 안됩니다.

일반의 병인식(病人食)

혀끝의 미각을 좇는 관념식을 즐기며, 먹을거리를 단순히 생명 유지를 위한 과학식품 정도로 생각하고 있는 사람들은 자연식을 변변치 못한 원시 식사 정도로 여깁니다. 그러나 그들은 자신의 몸이 병들었다는 사실을 깨닫기 시작할 때부터 비로소 자연식에 관심을 갖기 시작합니다.

　병은 인간이 자연에서 벗어날 때 시작됩니다. 멀리 벗어나면 벗어날수록 병은 심각해지죠. 중태가 됩니다. 그러므로 환자가 자연으로 다시 돌아오면 병은 당연히 치료가 됩니다. 인류의 자연 이탈이 심해짐에 따라서 병든 사람이 급격히 늘어나고 있습니다. 그에 따라 자연으로 복귀하고자 하는 소망 또한 거세지고 있습니다. 그러나 자연으로 복귀하려고 해도 자연이 무엇인지, 자연상태란 것이 무엇인지를 모르면 곤란을 당하게 됩니다. 산속에서 원시생활을 해보지만 방임을 배울 뿐 자연은 모릅니다. 자연을 모르면 산속에서도 자연에 어긋난 짓만 하게 됩니다.

　요즈음 대도시에서 생활하는 사람들 중에 자연식에 관심을 갖는 이들이 정말 많습니다. 그러나 자연식을 한다고 하더라도 그것을 받아들일 수 있는 육체가 아니면 자연스러운 마음으로 먹을 수 없기 때문에 자연식을 한다고 하기 어렵습니다. 현재 농민은 자연식품이라고는 무엇 하나 재배하고 있지 않습니다. 도시에서는 자연식을 하려고 해도 재료가 하나도 없습니다. 이런 도시 속에서 완전한 영양식을 하겠다거나 음양조화식을 하겠다고 하면, 신에 가까운 기술과 판단이 필요할 테지요.

　각양각색의 환경, 서로 다른 모습과 성질을 가진 사람들에게 일정한 규격의 자연식을 강요할 수는 없습니다. 그러나 그렇다고 해서 여러가지 자연식이 있다는 것은 아닙니다. 그런데 세간에서 주창되고 있는 자연식 운동을 보면 여러가지가 있습니다. 인간은 단지 동물에 지나지 않기 때문에 생식을 하지 않으면 안된다며 생즙이 좋다고 하는 사람이 있는가 하면, 생식은 위험하다는 의사도 있습니다. 현미를 원칙으로 하는 자연식에 반대하며 백미를 주장하는 과학자도 있습니다. 익히거나 삶아서 먹으면 먹기에도 좋고 건강에도 좋다고 주장하는 사람이 있는가 하면, 그것은 환자를 양산하는 데 도움이 될 뿐이라고 하는 사람도 있습니다. 생수가 좋다, 나쁘다, 소금만큼 소중한 것은 없다는 의견이 있는가 하면, 소금을 지나치게 섭취함으로써 생긴 병이 많다고 하는 사람도 있습니다. 과일은 음성이므로 원숭이의 먹을거리이지 사람이 먹어서는 안된다며 멀리하는 사람이 있는가 하면, 과일과 채소는 최고의 장수식품이라고 주장하는 사람도 있습니다.

때와 경우에 따라서 모든 설이 맞기도 하고 모두 틀리기도 하기 때문에 사람들은 갈피를 잡을 수 없습니다. 자연은 유동적으로 시시각각 변합니다. 이렇게 시시각각 변하는 자연의 실상을 사람은 파악할 수가 없습니다. 이와 같이 파악할 길이 없는 실상을 고정화한 여러가지 학설이나 이론에 구속되면 방황하게 됩니다. 길이 아닌 것을 길로 삼으면 길이 어긋나게 됩니다. 자연에는 본래 우도 없고 좌도 없습니다. 따라서 중용도 없고 선악, 음양도 없습니다. 인간이 의지할 어떤 기준도 자연은 인간에게 지시하지 않습니다. 주식은 이것이 아니면 안된다, 또는 부식은 이것으로 한정한다고 고정하는 것은 무리한 일로서 자연식에서도 멀어지는 결과를 낳습니다.

사람은 자연을 모릅니다. 행선지를 모르는 장님인 것이죠. 그래서 어쩔 수 없이 앎이라는 과학의 지팡이를 사용하여 발밑을 더듬거리며, 밤하늘의 별과 같은 음양의 이치를 지표로 방향을 결정하여 나아갈 수밖에 없는 것입니다. 제가 이야기하고 싶은 것은, 머리로 밥을 먹지 말라, 곧 생각을 버리라는 것입니다. 앞서의 그림 '먹을거리의 만다라'도, 백가지 이치보다 직접 한번 보고, 때와 경우, 건강과 병의 정도에 따라서 구심적인 먹을거리를 취할 것인가 원심적인 먹을거리가 좋을 것인가를 결정하는 섭생의 나침반 정도로 삼는 것은 좋겠지만, 이것도 한번 보았다면 버리는 것이 좋습니다. 그보다 먼저 자연인이 되어 신체에 먹을거리를 선택하는 능력, 씹을 수 있는 힘을 부활시키는 것이 선결 과제입니다.

먹을거리 그 자체와 인간의 기호나 육체만을 생각할 뿐 인간 자신을 내버려두는 것은 절에 가서 경만 읽을 뿐 부처에는 관심이 없는 것과 같습니다. 철리를 배워 먹을거리를 해석하기보다는 식생활 속에서 철리를 배우고, 아니 신을 알고 부처가 되는 것이 목적입니다. 문제는 이렇게 하면 좋다, 저렇게 하면 좋다고 하는 자연식에 대한 설명보다, 무일물(無一物)이 곧 무진장(無盡藏)이라고, 아무것도 없어도 좋다고 하는 자연인이 되면 만사가 해결됩니다. 병을 만들고 난 뒤 그것을 치료하기 위해 자연식에 몰두하기보다 환자가 생기지 않는 자연식의 확립이 선결 문제인 것입니다. 자신을 환자라고 생각하지 않는 건강한 사람이야말로 중환자이며, 그러한 사람을 구하는 길이야말로 어렵습니다. 병자는 의사가 도와주지만, 건강한 사람은 도와줄 사람이 없습니다. 그 사람들을 도와줄 명의는 자연뿐입니다. 자연식의 최대 가치와 역할은, 인간을 자연의 품으로 되돌아가게 하는 것입니다.

산오두막에서 원시생활을 하며 자연식에 자연농법을 실천하고 있는 청년들이야말로 인간의 궁극 목표에 가장 근접한 거리에 서 있는 사람들이라고 할 수 있을 것입니다.

제6장
'짚 한오라기'의 미국여행

미국의 자연과 농업

캘리포니아는 왜 사막화되었는가

1981년 7월과 8월, 그때까지 일본을 떠나본 적이 없었던 제가 미국에 다녀왔습니다. 별다를 것이 있으랴 생각했었는데, 뜻밖에 대단히 흥미로운 여행이 되었습니다. 저는 비행기를 타는 것이 처음이었습니다. 1만미터나 되는 높은 곳까지 날아올랐던 때문일까요. 시야가 조금 열려서 오늘은 좀 큰소리를 할지도 모르겠습니다.

비행기를 타면 손오공이 구름 위를 나는 듯한 광경이 펼쳐지거나, 대단히 유쾌한 기분이 될 거라는 기대를 가지고 탔습니다. 그런데 위로 날기 때문에 아름다운 풍경이라면 아름다운 풍경이라고 할 수 있지만 비행기 창에서 보면 아래에는 아무것도 없어요. 쇳덩어리가 떠있는 느낌이지, 날고 있다는 느낌은 전혀 들지 않았어요. 창 저쪽으로 구름이 차례로 지나갈 뿐이었습니다.

그것뿐이면 좋겠지만, 그것도 잠시 창문을 닫아버리고 영화를 상영합니다. 평범한 보통 집을 그대로 비행기 안에다 옮겨 놓은 것과 다를 바가 없는 느낌이었어요. 영화는 갱 영화였는데, 사람들은 일상생활을 그대로 비행기 안에다 옮겨 놓고 모두 지루해하는 얼굴을 하고 묵묵히 앉아있었습니다. 저는 살짝 창을 열고 밖을 내다보았습니다. 위에서 보면 꽤 근사한 기분이 들 것 같았는데 전혀 그렇지 않았습니다. 논밭이나 들에 있어야 할 개구리나 양을 잡아다 어디론가 옮기고 있는 듯한 느낌이었습니다.

어쨌거나 아홉시간 정도 걸려서 태평양을 단번에 횡단했습니다. 비행기란 놀라운 기계였습니다. 그런 기계를 인간이 발명했다는 것은 인간의 과학이 이미 자연을 정복한 것이 아니냐는 느낌이 잠시 강렬하게 들기도 했습니다. 하지만 과학의 한계에 관한 의문이 곧 뒤따라 일어났습니다. 자연은 인간과는 무관한 어떤 곳에서 시치미를 뚝 떼고 있는 듯한 느낌이었습니다. 만약 신이 있다면, 저 1만미터의 높은 하늘은 자연과 인간과 신의 대결의 장이라는 생각이 들었습니다. 몸이 상당히 긴장이 돼서 샌프란시스코 상공까지 가며 여러가지 생각을 하게 되더군요.

샌프란시스코 상공에 도착해서 가장 먼저 든 의문은, 갈색의 대지 위에 점점이 있는 수목의 모습으로, 일본처럼 푸르른 대지 위에 나무들이 서있는 것이 아니었습니다. 대단히 불가사의한 광경이었습니다. 공항에서 버클리(샌프란시스코의 대학도시)로 가며 자동차 안에서 보니, 산들도 역시 모두 갈색이었습니다. 표토가 흘러내리며 산의 알몸이 그대로 드러나 있습니다. 왜 이런 산이 되었냐고 물으니 옛날에 망간이 대단히 많이 나와서 그렇다는 설명이었지만, 저는 도무지 납득이 가지 않았습니다. 그날 저녁은 버클리에서 묵고 다음날부터 캘리포니아대학 등지로 안내를 받으며 돌아다녔습니다.

캘리포니아 평원은 갈색 평원입니다. 가도 가도, 몇시간을 달려가도 그러한 풍경뿐입니다. 제가 의문을 품었던 것은 왜 풀이 푸르지 않고 갈색이냐는 것이었습니다. 그곳에서 자라는 풀들은 폭스테일(여우꼬리풀)이나 야생 보리를 중심으로 한 목초류로서 토지가 대단히 척박했고, 그 갈색의 초원 속에 사막에서나 자랄 듯한 나무가 몇종 드문드문 서있는 삭막한 풍경이었습니다.

때로는 몇백정보는 됨직한 토마토밭 등이 좌악 펼쳐지기도 합니다. 그런데 그 밭에는 반드시 물을 끌어들이고 있습니다. 녹지가 있는 곳은 반드시 물을 끌어들이고 있습니다. 그렇게 하지 않으면 갈색의 초원이 되어버립니다. 소를 방목하더라도 대평원의 녹지 속에서 소가 유유히 놀고 있는 것이 아닙니다. 특별한 곳에나 목초가 있을 뿐, 보통은 갈색 초원의 무더위 속에서 보기에도 힘겹게 방목돼 있는 실정입니다. 그러나 버클리 시가지나 시내의 캘리포니아대학 구내는 초록 일색입니다. 일견 대단히 아름다운 지역으로 보이기도 하지만, 그 초록은 잔디밭과 보존되고 있는 나무들에 의한 것이지 자연의 초록이 아닙니다.

이것이 진짜 캘리포니아의 자연이냐는 의문을 품으며 캘리포니아의 고대식물들이 있는 고대식물원, 자연공원 등을 하루에 걸쳐서 돌아다녔습니다. 미국에서의 40일간은 발 아래 잡초를 보며 다닌 나날이었다고 해도 과언이 아닙니다.

샌프란시스코 교외로 나가면 때로 유칼립투스라는 커다란 나무가 많이 있습니다. 커다란 나무는 유칼리나무뿐입니다. 그러나 유칼리는 캘리포니아 토종이 아닙니다. 호주의 수종입니다. 그 나무가 쑥쑥 자라고 있었지만, 미국 나무다운 나무는 하나도 없었습니다. 대학 안에 있는 삼나무나 노송나무 또한 본래부터 거기서 자라고 있었던 나무는 아닙니다. 시가지 밖으로 나가면 갈색 풍경이 펼쳐집니다. 사막 속에 있는 인공의 섬이 샌프란시스코이며, 버클리이며, 로스앤젤레스 시가지라고 할 수 있습니다. 그런데 그 사막의 풀 속에서 일본의 잡초 몇종을 볼 수 있었습니다. 이게 도대체 어떻게 된 일이냐 싶더군요.

다음날 샌프란시스코에 있는 어느 선(禪)센터에 안내를 받아 가보았습니다. 일본인 스즈키 순류(鈴大俊龍)가 시작하고, 뒤에 미국인이 인수하여 경영하고 있는 곳으로, 회원이 400명인데 40명 정도 남녀 스님들이 상주하고 있었습니다. 아침저녁으로 좌선을 하고 낮에는 계곡 아래 20아르쯤 되는 밭에서 채소를 재배하며 자급생활을 하고 있었습니다.

이와 같이 농사도 겸하여 짓는 선종 사찰이 일본에는 별로 없습니다. 그런데 미국에는 그 같은 곳이 몇십군데 있다고 합니다. 400명의 회원은 직장에 다니는 사람들이거나 학생들로 거기에 와서 수행하면서 일하러, 공부하러 다닙니다. 혹은 거기 머물며 지내려고 오는 사람들도 있고, 캠프생활이나 노동을 하기도 합니다. 선(禪)과 농사가 밀착되어 있습니다. 대단한 흥미를 가지고 돌아보았습니다.

그곳에서는 일단은 유기농업을 하고 있지만, 향신료를 주로 한, 대단히 제한된 종류의 채소만을 재배하고 있었습니다. 그것도 유칼리나무에 둘러싸인 계곡 아래의 밭이었고, 주위는 갈색의 산입니다. 둑새풀이 자라고 있었고 몹시 황폐해 있었습니다. 조금 푸른 기운이 도는 곳은 1~2미터 정도의 관목이 자라는 곳인데, 마치 사막 속에서 자라고 있는 모습입니다. 쓸모있는 나무라고는 하나도 없더군요.

거기서 받은 상담은, 그곳에서 벼농사를 할 수 있겠느냐는 것과 채소 재배방법은 그들이 해오던 방법 그대로 좋으냐는 것이었습니다. 도구를 보니 미국인 체력에 맞게 완력에 의지해야 하는 농기구뿐으로, 가래와 괭이만 하더라도 능률이 별로 좋지 않았습니다. 거기서 괭이나 낫을 사용하는 방법 등을 지도해본다거나 했습니다만, 채소 종류가 적은 것을 통감했습니다.

한편 갈색 산이 진짜 캘리포니아의 자연이냐와 관련해서, 해안으로 가는 길가를 보니 갈색의 풀 속에서 무의 원종 같은 식물과 일본 잡초가 있는 것이었습니다. 서해안으로 나와보니, 거기에는 오른쪽 산에 마치 녹색의 숲처럼 보이는 지역이 있었습니다. 50년쯤 전에 일본 소나무를 닮은 나무를 구해 심었는데, 지금은 고급주택지가 되었다고 합니다. 반대쪽에도 같은 산이 있는데 이 산은 사막입니다. 똑같은 조건인데 한쪽은 푸르고 한쪽은 사막이니 어찌 된 일일까요? 거기서 느낀 결론은 이렇습니다. 캘리포니아는 원래 옛날부터 사막이었던 것은 아니다, 어떤 동기에 의해서 사막이 된 것이다, 그러나 아직 그 부활이 불가능한 것은 아니다 — 이런 느낌이 들었습니다.

스페인사람들이 나쁜 풀을 가지고 들어왔다

그 해안에서 20분 가량 떨어진 곳에 레드우드(미국 삼나무)숲이라는 곳이 있습니다. 일본의 몇개 마을만한 면적에 200~300년 된 나무들이 마치 원시림 같은 숲을 이루고 있습니다. 일본에서는 삼나무나 노송나무 등이 큰 나무일 경우 70~80미터 정도 됩니다. 캘리포니아에는 곳곳에, 주위는 빙하기에 전멸하고 그곳만 남은 '빙하(氷河)의 숲'이 있는데, 수령 2,000년에 높이 130미터인 거목이 있는 곳이 있습니다.

그곳에 80세 정도 되는 대추장(大會長)이 계셨는데, "당신이 이 숲을 지키는 수호신인가요?"라고 물으니, "그렇다, 좋은 것을 물어주었다"며 대단히 기뻐하더군요. 그러면서 쭉 안내해주어서 여러가지를 배울 수 있었습니다(귀국 후 이 어른으로부터 수령 300년 레드우드 나뭇가지로 만든 수공에 컵을 선물받았습니다). "옛날부터 여기는 이랬습니까?"라고 물으니, "그렇다"는 것이었습니다. 200여년 전의 숲이 그대로 보존되고 있고, 지금은 그곳이 국립공원이 되어있습니다. 폭 4미터 정도의 길이 있고 밧줄이 한줄 쳐져있을 뿐 아무런 설비도 없었습니다. 긴 의자 하나 설치되어 있지 않았습니다.

차로 10분 정도면 갈 수 있는 숲 바깥은 사막인데, 그곳은 완전히 다른 모습으로 울창한 대삼림을 이루고 있는 것입니다. 그런데 나무 밑의 풀을 조사해보니 1/3 정도는 일본 풀과 같은 풀이예요. 여러분도 이상하다고 생각하시겠지요. 사막 속에 마치 일본의 '친쥬의 숲(鎭守 : 사원이나 고장을 지키는 신, 친쥬의 숲이란 절이나 신사 주변 숲을 일컫는다 — 옮긴이)'과 닮은 숲이 있고, 거기에 일본 풀과 같은 풀이 자라고 있는 사실에 말입니다.

옛날부터 여기는 이랬다고 해서, "캘리포니아의 옛날은 어땠습니까? 언제부터인가 잘못된 것 같은데요?"라고 물으니, 그는 "스페인사람들이 와서 목축을 시작하고부터 잘못되기 시작한 것 같다"고 했습니다. 여러 곳에 대해 조사한 것이나 뒤에 들은 이야기를 통해서 얻은 결론은, 그 둑새풀은 스페인인들이 가지고 들어온 목초 속에 끼어있었는데, 그것이 캘리포니아 전체를 지배하게 된 것이 아닐까 하는 것이었습니다. 그런데 이 풀이 어떻게 캘리포니아를 지배할 수 있었을까요? 둑새풀은 6월경에 열매를 맺습니다. 일본에서는 한가지 풀이 열매를 맺고 시들어가면 다음 풀이 돋아나는데, 여기서는 둑새풀이 워낙 빽빽하게 나있기 때문에 다른 풀이 돋아날 수 없습니다. 그래서 야산 전체가 갈색이 되어버립니다. 그 열매는 가시가 있고 성질이 나쁩니다. 옷에 붙으면 빠지지 않고 속으로 점점 파고들어 갑니다. 개나 고양이가 초원을 뛰어다니다가 찔리면 살까지 파고 들어가서 수술을 하지 않으면 뽑을 수 없다고 합니다. 이러한 일이 새나 짐승에게까지 일어나기 때문에 갈색 초원이 되어버린 것입니다. 이렇게 되면, 30도 정도의 온도에서도 반사열에 의해서 기온이 40도로 올라가버립니다. 이렇게 기온이 상승하면서 고온의 사막이 되는 것입니다.

결론으로, 제 추정은, 스페인사람들이 둑새풀을 가지고 들어왔을 때부터 캘리포니아의 풀은 바뀌게 되었고, 이것이 미국의 기온을 바꾸며 사막화가 시작된 것이 아닐까 하는 것이었습니다. 이러한 느낌을 품고 며칠 뒤, 주(州)정부가 있는 새크라멘토로 환경청장관의 초대를 받고 30명 정도의 공무원들에게 이야기를 하러 갔습니다. 장관실에 안내를 받아서 가니 제2의 실력자라는 키가 크고 상냥한 아가씨가 있었습니다. 거기서 그 아가씨와 모임이 시작되기 전에 30분 정도 이야기를 나누었습니다.

제가 자리에 앉자 그 아가씨가 책상 위에 있던 돌을 옆으로 살짝 치우는 것이었습니다. '묘한 돌이구나'라는 생각이 들어 캘리포니아 돌이냐고 물으니 "아니, 그렇지 않습니다"라며 호호 웃어요. '러시아 돌'이라는 것이었습니다. 그래서 저는 이렇게 물었습니다. "캘리포니아에 와서 나는 여러가지 의문을 갖게 됐다. 그중 하나는 사막이 있으면서 일본의 잡초와 같은 종류의 풀이 있다는 거다. 캘리포니아의 모암(母岩)은 어떻게 되어있는지 궁금하다." 그러자 그녀는, "실은 저는 원래 광물학자입니다"라며 두툼한 책을 가져와서 보여주었어요.

그녀의 이야기에 따르면, 일본 열도와 샌프란시스코 주변의 모암은 같다는 것이었습니다. 또한 홋카이도 섬들과 캐나다 남쪽의 모암이 같고, 시베리아와 알래스카가 같고, 동남아시아와 멕시코 부근의 돌이 또한 같다는 것이었습니다. 매우 연관성 있게 분포되어 있는 것입니다. 그리고 옛날에는 태평양이 대륙이었다는 설도 있고, 산이 폭발할 때 용암이 동서로 흘러서 그와 같이 된 것일지도 모른다는 이야기였습니다. 일본에는 후지산이 있습니다. 캘리포니아에도 비슷한 높이의 화산이 후지산과 매우 비슷한 곳에 있습니다(샤스타산, 4,317미터). 산이 있고 잡초가 같고 바위나 돌이 같다면 태곳적에는 하나였을지도 모릅니다.

그런데 다른 것은 일본에는 춘하추동이 있는데 캘리포니아에는 여름과 겨울밖에 없다는 것입니다. 봄과 가을이 없고, 비가 내리지 않습니다. 모암과 잡초가 같다면, 옛날에는 기후도 같았고 비도 많았던 것이 아닐까요? 그러던 것이 어느 사이엔가 캘리포니아는 사막이 되었고, 일본은 사계절이 있는 온화한 기후가 되었습니다. 모임을 시작하기 전에 이런 이야기를 나누며, "현재 캘리포니아의 자연은 진짜 자연이 아니기 쉽다. 아마 언제부터인가 인간이나 기계와 같은 것에 의해서 변화된 기후 풍토일 것이다"라는 확신이 더 깊어졌습니다.

비는 아래로부터 내린다

모임에서의 이야기도 자연히 그런 이야기가 되었습니다.

"저는 샌프란시스코에서 여기로 오기까지 눈을 등잔처럼 해가지고 주변 경관을 살펴보았습니다. 샌프란시스코를 조금 벗어나니 곧 갈색이 시작되더군요. 사막화되는 과정이 잘 나타나 있었습니다. 그런데 샌프란시스코 시가지로 돌아오자마자 푸른 나무가 가득 자라고 있었습니다. 화초와 선인장이 심겨 있습니다. 그런데 이런 샌프란시스코의 초록은 왠지 사막 속의 오아시스 같은 느낌이 듭니다. 새크라멘토 역시 아름다운 지역이지만, 그럼에도 이 도시의 아름다움은 '만들어진 인공적인 아름다움(초록)'이라는 느낌이 듭니다. 새크라멘토는 옛날부터 이런 식의 녹지대였을까요?"

이러한 이야기를 하고 여러가지 질문을 해보았습니다. 그랬더니 "아닙니다. 그렇지 않았을지도 모릅니다. 그 증거로 새크라멘토에는 이러한 집이 두세채 있습니다"라는 이야기가 나왔습니다. 뒤에 그 집을 안내받아 가보니 곧바로 2층으로 올라갈 수 있는 계단이 있었습니다. 홍수 때에는 물이 빠지지 않기 때문에 계단을 통해 위로 올라가 2층에서 살았다고 합니다. 이 사막 속의 새크라멘토 시가지도 200~300년 전에는 이처럼 물이 많았다는 것을 그 집이 증명해주고 있었습니다.

비가 내리지 않는 것이 대륙의 기후라는 이야기를 많이 듣습니다. 기상학에서 말하자면 비는 위로부터 내릴지도 모르지만, 철학적으로 말하면 비는 아래로부터 내리는 것이라고 저는 봅니다. 아래에 녹지가 형성되어 있으면, 거기에서 수증기가 솟아올라가서 구름이 되고 구름은 비가 되어 내린다고.

땅을 척박하게 하는 농법

대지가 갈색의 여우꼬리풀로 뒤덮이면서 비가 내리지 않고 구름이 생기지 않았던 것입니다. 게다가 그 뒤의 근대농법은 기계화되며 화학비료와 농약을 사용하는 농법으로 발달하였습니다.

발로 밟아보기도 하고 손으로 파보기도 하며, 저는 캘리포니아의 대지가 본래는 척박하지 않았다는 사실을 알 수 있었습니다. 그런데 지금은 땅거죽의 흙이 대단히 메말라 있습니다. 그들의 농법은 논밭에 물을 대고 20~30톤이나 되는 기계로 일년에 4~5번, 마치 땅을 짓이기는 것과 같은 땅갈이를 하기 때문에 땅이 벽토와 같이 돼버립니다. 거기에 태양이 내려쪼이며 그 땅을 말려버립니다. 건조되고 있는 곳에는 주먹만한 크기의 균열이 나 있습니다. 흙에 물을 넣고 이겨서 건조시키면 딱딱하게 굳으며 균열이 생기는 것은 당연한 일입니다. 캐터필러 트랙터가 지나다니지 않은 논밭 구석의 흙은 제 밭처럼 흙이 보들보들 좋습니다. 그렇다면 캘리포니아 대지 역시 옛날에는 척박하지 않았던 것이 아니냐, 경운기로 갈면서부터 땅이 척박해지기 시작한 것이 아니냐는 이야기를 그곳 농부들에게 했습니다. 화학비료와 농약을 많이 사용해야만 하는 기계화 농법으로 대지는 더욱더 메말라갑니다.

현대의 과학자들은 목축을 행하면 토지는 당연히 좋아질 것이라고 말하는데, 실제는 그와 반대로 모든 곳이 다 척박해지고 있습니다. 호주 청년의 이야기를 들어보더라도 그렇고, 인도 청년의 이야기를 들어보더라도 그렇습니다. 역시 축산을 하면 토지는 메마르게 된다는 것이 제 결론입니다.

왜 척박해지는 것일까요?

북아메리카대륙도 스페인사람들이 처음 축산을 시작했을 때는 땅이 비옥했지만 지금은 메말라버렸습니다. 목축을 하더라도 소의 똥과 오줌을 전부 땅으로 되돌려주면 땅이 척박해질 리 없다고 하지만 실제는 그렇지 않습니다. 메말라갑니다. 잡초가 단순화되기 때문입니다. 게다가 최근에는 근대농법으로 인하여 더욱 메말라가고 있는 실정입니다. 악순환이 거듭되고 있습니다. 살수기로 물을 뿌려가며 풀을 키우고, 화학비료를 줘서 키우고, 그것을 기계로 베고 묶어서 세계 여러 나라의 소 사료로 수출하고 있습니다.

여러분, 일본에서 돼지나 소에게 일본 풀을 먹이고 있다고 생각하고 계신다면 큰 오산입니다. 수백마리씩 기르고 있는 요즘 목장의 소 먹이는 모두 미국 풀입니다. 그 풀이 미국에서 다른 나라로 빠져나가기 때문에 미국의 대지는 메말라가는 것입니다. 한편 "미국 축산농가는 유복하겠지"라고 생각하실지 모르지만 뜻밖에도 그렇지 않습니다. 메말라버린 대지에 석유로 만든 온갖 농기계와 농약, 화학비료 등을 쏟아부어 만든 풀을 내다 팔고 있는 것에 지나지 않기 때문입니다. 발밑 흙은 점점 메말라갈 뿐입니다. 돈을 벌기도 할 테지만 토지가 척박해져가고 있기 때문에 셈을 해보면 결국 마이너스 농업을 하고 있는 것입니다.

땅이 극도로 황폐해지며 축산농가가 나가떨어진 자리에 이번에는 과수농가가 들어옵니다. 척박해진 토지에 살수기를 설치하고 화학비료를 사용하며 자두나무, 살구나무, 오렌지나무를 재배합니다. 자연을 이용하지 않고 석유에너지로써 재배하는 방식입니다. 물도, 가까이서 끌어오는 곳도 있지만 어떤 곳에서는 몇백킬로미터 거리에서 끌어오는 곳도 있습니다. 그렇게 끌어와서 살수기로 뿌려가며 작물을 재배합니다. 그런데 물이 증발할 때 흙 속의 염분이 같이 빨려 올라오므로 지표면에 소금이 모입니다. 마치 염전같이 변합니다.

미국 농업은 미쳐있다

　미국에 가며 저는 미국 농민들에게 일본 농가의 어려움을 호소하고 지나친 수출을 그만두어달라는 부탁을 할 작정이었습니다. 그런데 웬걸, 사정은 완전히 달랐습니다. 돌아다녀보니 미국 농민들이 얼마만큼 고생하고 있는가가 몸에 스미듯 느껴졌습니다. 호주머니 사정도 좋지 않은 데다 자연의 힘으로 만드는 농작물이 아니었습니다. 석유에너지를 가공해서 만든 농작물을 내놓는 데 불과했습니다. 그러므로 농부는 무엇 하나 좋을 것이 없습니다. 선키스트 따위 기업만이 과즙을 일본에 수출한다거나 하여 큰 이익을 남기고 있었습니다. 농가는 대단히 소박한 정신으로 소박하게 농사를 짓고 있었습니다. 검소한 생활로, 식사는 마치 돼지의 밥입니다. 근대적인 기계를 사용하는 데다 농약을 뿌린다거나 비행기를 사용한다거나 하여 얼핏 근대농법처럼 보이지만, 실제로 하고 있는 농사 그 자체는 대단히 소박하며 유치한 농법으로 단순 작물밖에 만들지 못하고 있습니다.

　중부의 옥수수밭 지대는 옥수수만을 키우고 있습니다. 아버지 대도 손자 대도 옥수수만 재배하고 있습니다. 몇개의 주(洲)가 모두 다 옥수수만 재배하고 있을 뿐입니다. 그리고 그 앞으로 가면 콩뿐입니다. 200헥타르, 300헥타르의 땅에 바보처럼 콩만 재배하고 있습니다. 콩밭 반대편으로 가면 거기는 보리뿐입니다. 집에서 먹을 채소도 재배하지 않습니다. 자급자족을 못하고 있기 때문에 생활이 힘듭니다. 일본의 100배나 되는 땅에 농사를 지으면서도 일본의 1헥타르 농부에도 미치지 못합니다. 더구나 자연의 혜택으로 수확한 농작물이 아닙니다.

미국 농민이 유복하지 못한 근본원인은 자연을 교란시키고 있다는 데 있습니다. 그리고 더 근본적인 원인은 미국인의 식생활이 육식인 점에 있습니다. 유럽으로부터 건너온 영국인, 프랑스인, 스페인인은 모두 육식을 합니다. 200~300년 전 개척시대로부터 육식을 위한 농업을 하여 그것이 미국 대지를 철저히 뒤집어놓은 원인이 된 것이 아니겠느냐는 것이 제 견해입니다. 인간을 위한 생명의 양식을 만드는 것이 아니라 돼지나 소를 위한 농업이 아니었느냐, 인간을 위한, 대지를 위한 농업은 하나도 없지 않았느냐, 그런 이야기를 거기서 하고 왔습니다.

프렌치메도우 원시림 속에서 일주일 동안 거대한 나무와 바위를 뒤로 하고 100여명의 참가자들과 가벼운 옷차림으로 자연농법과 일체무용론에 대해 즐겁게, 때로는 격렬하게 이야기를 나눌 수 있었는데, 돌이켜보면 매우 행복한 나날이었습니다. 마지막 날 밤 저를 위한 캠프파이어는 감격의 극치였습니다. 저도 그들에게 도움이 되었다는 것을 알 수 있었습니다.

산을 내려와 캘리포니아 평원을 관찰하고, 서쪽으로 가서 아파 고원의 초원을 개척하고자 하는 수개국 20여명의 청년들이 있는 공동체 캠프로 갔습니다. 초원의 갈색 폭스테일을 어떻게 할까 고민했는데, 밤하늘 밝은 별 아래서 문득 떠오른, 해로운 풀 퇴치의 명안에 은밀히 가슴속으로 환희작약했습니다. 캘리포니아의 여름 풀은 말라 죽어있는 것이 아니라 여름잠을 자고 있는 것이니 그것을 잠에서 깨우면 된다는 것을 알았습니다. 열사(熱砂)의 캘리포니아를 녹화하려는 참으로 장대한 시도는 꿈이 아니라는 확신을 얻었기 때문이었습니다. 다음날 아침 곧바로 청년들과 캘리포니아를 초록의 대지로 만듦으로써 비가 내리도록 하자는 맹서를 하고, 실행에 들어갔습니다(귀국 후 제1단계 시험은 성공이라는 보고를 받았습니다). 이 시도는 나중에 유엔에서 한 강연의 실마리가 되기도 했습니다(유엔에서 제게 미개발국의 사막화 방지 방안을 입안해달라고 해서 쓴웃음이 나더군요).

미국도 소나무가 말라 죽는 현상이 심하다

프렌치메도우 캠프장까지 가는 길가의 산들도 일본과 마찬가지로 소나무가 말라 죽어가고 있었습니다. 더욱이 캘리포니아의 소나무는 전멸이라고 해도 좋을 정도였습니다. 일본보다 상황이 10년 정도 빠르게 벌어지고 있는 느낌이었습니다. 소나무의 종류야 물론 다르지만, 말라 죽어가는 모습은 거의 똑같습니다. 한그루가 말라 죽으면 그 다음해는 수십그루가 말라 죽어가는 것까지, 최초의 징후가 똑같았습니다. 동일한 원인이라고 저는 보았습니다.

나무를 잘라내서 산으로부터 운반해 오는 자동차를 한시간에 20대 이상 볼 수 있었습니다. 그걸 보고, 운전을 하던 미국인이 '목재의 영구차'라고 하여 함께 크게 웃은 일도 있습니다만, 바로 이 나무가 일본으로 수출되고 있는 것입니다. 잘라낸 곳을 보면, 수년 전의 땅은 이미 사막이 돼있었습니다. 한번 자르면 나무를 심지 않고 방치하므로 그 뒤는 엉망이 되어버립니다. 절로 죽어가기 때문에 자르고 싶지 않지만 어쩔 수 없이 자른다는 것이었습니다. 그 나무가 일본으로 건너오고 있습니다. 일본 소나무를 말려 죽이고 있는 부후균(腐朽菌)은 옛날에 없었던 균입니다. 미국 나무 속에도 역시 일본 소나무를 말려 죽이고 있는 목재부후균과 동일한 균이 들어있었습니다.

소나무가 말라 죽어가는 현상을 조사하다가 영림국(營林局) 장관을 만나 여러가지 이야기를 나눌 수 있었던 것은 다행스런 일이었습니다. 저는 캘리포니아에서는 나무를 수출하기보다 송이버섯을 따는 쪽이 훨씬 좋지 않겠느냐는 이야기도 했습니다. 송이버섯 하나가 큰 나무 한그루보다 더 비싸다는 이야기를 듣고 놀라더군요. 그 장관이 대학교수들을 소개해줘서 이야기를 나눠보니, 소나무가 말라 죽어가는 원인에 대한 미국 학자들의 의견은 일본 학자와 달랐습니다. 그들은 제트기와 건조현상이 원인이라는 것이었습니다. 미국은 그물(연구)의 눈이 너무 크고 일본은 너무 작은데, 그 어느 쪽도 고기를 잡지 못하고 있다는 느낌이 들었습니다.

동부의 거대한 숲도 부자연

동해안으로 가니 뉴욕으로부터 남쪽의 3~4주(州)는 캘리포니아와는 달리 가도 가도 푸른, 숲의 바다였습니다. 그런데 나무는 모두 잡목뿐이었습니다. 자작나무나 단풍나무, 떡갈나무 등의 잡목만이 동일한 크기로 늘어서 있었습니다. 그것이 한없이 계속되고 있었습니다. 캘리포니아에서는 "미국의 자연은 이미 거덜이 나버린 것이 아니냐", "사막화되어 있지 않느냐"라고 좀 야단스럽게 이야기했는데, 동부는 바다처럼 나무가 울창하여 "역시 이것은 미국답다"고 느껴져 모자를 벗었던 기억이 납니다. 그런데 일주일 정도 보고 다니자니, "아니다, 이것 역시 뭔가 이상하다"고 느껴졌습니다. "이것은 축산을 주체로 한 농사로 인해 이미 한번 황폐화되었던 토지"라는 생각이 들었습니다. 나무는 자라고 있지만, 그 아래 흙이 척박하다는 것이 그 증거였습니다.

빙하로 인해 그렇게 되었다고 하지만, 빙하시대로부터 이미 1만년이 지났습니다. 일본이라면 2,000년 정도에 1~2미터 정도의 흙이 비옥하게 바뀝니다. 그런데 그렇게 되지 않고, 50년 정도 된 잡목이 그 정도 크기인 것을 보면, 도저히 토지가 회복되었다고 볼 수 없습니다. "자연에 맡겨졌다면 더 빠른 속도로 이미 회복되었을 것이 틀림없다. 역시 인간이 망가뜨린 토지다. 이것은 이미 가짜 자연이 되어버린 땅이다"라고 저는 보았습니다.

이것은 제 상상이 반입니다만, 미국사람들이 처음 미국 동북부에 정착하며 서쪽으로 서쪽으로 개척을 해나갈 때, 목축으로 땅이 죽어버리면 다시 다른 곳으로 소를 몰아가면서 인디언이 있는 마을을 점령해간 것이 아닐까, 사람들이 떠나가버린 토지는 이미 척박해질 대로 척박해져 있기 때문에 아무것도 안돼서, 방치되면 거기서 저절로 잡목이 자라난 것이 아닐까 하는 생각이었습니다. 이것은 단 40일간의 관찰에 의한 것이므로 맞는 이야기가 아닐지 모르겠습니다.

보스턴의 쿠지(久司) 씨의 회사(에레혼 자연식품)에서 일하고 있는 사람들에게 "이 잡목에 주목하면 쿠지 씨보다 더 큰 부자가 될 수 있다"고 이야기를 하자, "그게 뭡니까?"라며 모두들 답을 재촉하더군요. "이 잡목들을 원목으로 해서 표고버섯을 재배하면 어떻겠습니까?"라고 하니 모두 와 웃더군요. 그 잡목 숲은 엄청난 보물창고라고 생각합니다. 그런데 아무도 이용하고 있고 않습니다. 쿠지 씨로부터 200헥타르 정도 당신에게 맡길 테니 자유롭게 사용해도 좋다는 이야기를 들었지만, 보스턴의 오지인 그곳도 산에는 예의 잡목뿐이었습니다. 그 잡목들로 표고버섯을 재배하며 개척한다면 아마 성공할 것입니다.

모조품 자연

미국의 도시는, 보스턴은 물론 어느 곳이나 마치 도시 속인지 숲 속인지 구분할 수 없을 정도로 나무가 많습니다. 그러나 보스턴의 60층짜리 건물에 올라가 보면 역시 보스턴 거리도 녹지가 부족합니다. 빌딩이 늘어서 있습니다. 그런데 차를 타고 거리를 달려보면, 거리가 마치 푸른 숲처럼 보입니다. 왜냐하면 보스턴의 가로수는 한그루도 가지치기를 하지 않기 때문입니다. 나뭇가지 하나 자르지 않은 채 그대로 두고 있습니다. 아무도 손대지 않습니다. 미국사람들은 도대체 나무를 꺾는 일이 없습니다. 그 점에서는 그들이 자연을 보호해야 한다는 것을 아주 잘 알고 있는 것처럼 보입니다. 마음껏 자라도록 내버려두고 있습니다. 일본에서라면 간판이 보이지 않는다고 자릅니다. 그런데 저쪽은 간판이 없기 때문에 나무가 방해가 되지 않습니다. 차를 타고 달리면 마치 숲 속을 달리고 있는 듯한 느낌이 듭니다. 그러나 오랜 옛날부터 자라고 있는 나무라고는 생각되지 않습니다. 역시 뒤에 심은 나무 같습니다. 그렇다면 200년 정도 된 나무밖에 없는 셈입니다.

앰허스트라는 유서 깊은 대학(클라크 박사의 출신교)의 드넓은 교정에서 세미나를 했는데, 거기서 "미국은 자연이 엉망이 돼있다.

자연이 엉망이 돼있다면 거기 사는 사람들이 어떤 사상을 가지게 될 것이냐?"는 쪽으로 이야기가 진행돼갔습니다. 자연이 사라진다면 참다운 사상은 탄생할 수 없다고 저는 봅니다. 인간의 감정이라든가 사상이라고 하는 것이 머리로부터 나오는 것이라고 여러분은 생각하고 있을지 모르지만, 저는 그렇지 않다고 생각합니다. 인간의 감정은 정말 어디에서 나오느냐는 것입니다. 우리는 꽃을 보고 아름답다고 합니다. 오늘은 춥다, 혹은 따뜻하다고 합니다. 오늘은 어떤 일이 재미있었다고 합니다. 그런데 이러한 소박한 감정이 어디로부터 나오는 것일까요? 미국에 가면 머리로부터 나온다고 합니다. 일본인은 가슴으로부터 나오는 것처럼 이야기합니다. 그런데 과연 머리나 가슴으로부터 꽃은 아름답다는 말이 나오느냐는 것입니다.

시원하다고 합니다. 문제는 왜 시원하냐는 것입니다. 과학자에 따르면 온도가 몇도 이하면 시원하다고 할지 모르지만, 그것은 과학자의 설명에 지나지 않습니다. 상쾌한 바람이 불면 상쾌하다고 합니다. 그렇다면 이것은 역시 자연히 솟아나는 것, 자연에서 오는 것이라고 할 수 있습니다. 푸른 나무를 보면 누구나 푸른 나무는 아름답다고 합니다. 평화로운 느낌이 듭니다. 바람이 거칠게 불면 마음도 뒤숭숭합니다. 산에 가면 산의 기운이 솟아나옵니다. 호수에 가면 물 기운이 느껴집니다. 이러한 감정은 모두 자연으로부터 옵니다. 황폐한 자연에 접하면 황량한 감정밖에 일어나지 않습니다.

샌프란시스코로부터 새크라멘토까지 가는 길은 사막화되어 있었지만, 새크라멘토 사람은 녹지의 오아시스 속에서 살고 있으므로 자연을 대단히 사랑하고 있는 듯이 보입니다. 가로수도 소중하게 가꾸고 있습니다. 보스턴에서도 그 점은 마찬가지입니다. 그러나 미국인이 소중하게 생각하고 있는 것은 인간이 만든 가짜, 모조품의 자연이지, 진짜 자연이 아니지 않을까요? 미국인은 일본인에 비해서 자연보호의 움직임이 대단히 진전되어 있는 듯이 보입니다. 그런데 그것은 이미 미국인이 자연을 잃어버렸기 때문에 그 반사작용으로 자연을 귀중하게 여기려는 데 지나지 않는 것이 아니냐 하는 느낌이 들었어요. 대학 구내의 잔디밭을 보며 느낀 것이 많았습니다. 거기에는 나비도 날아오지 않고 지렁이도 없고 개미도 보이지 않았습니다. 자연의 푸르름은 어디에서도 찾아볼 수 없었습니다. 인간에게 쾌적한, 인간만을 위한 자연이 거기에 있을 뿐이었습니다. 그런 자연 보호는 자연을 지키는 것이라고 할 수 없습니다. 그 자연이 가짜 자연이라고 한다면, 그 자연보호의 감정을 과연 올바르다고 할 수 있을까요?

보스턴 세미나에서 제가 이야기한 것은, 이러한 사실로부터, 어떤 이유로 미국인의 사상은 모조의 푸르름을 만들었고, 또 그것으로 만족할 수 있었을까 하는 점이었습니다. 저에게는 그 잔디가 부자연스럽게 보였습니다. 아름답기는 틀림없이 아름답지만, 그것만으로는 제게 흡족하지 않았습니다. 거기서 차를 달이거나 꽃꽂이를 할 기분이 생기겠습니까? 안정이 되지 않습니다. 그런 곳에서는 진짜 자연에 녹아드는, 자연과 하나가 되는 느낌은 도무지 들지 않을 것 같다는 이야기를 했습니다. 저는 단순하며 평면적이며 기하학적인 시멘트 공원 속에서는 결코 만족할 수 없는데, 이것이 진짜일까, 아니면 인간이 만든 초록 속에서도 만족할 수 있는 미국인이 진짜일까, 이것을 의제로 토론을 했습니다. 그리고 클라크 박사의 말("청년이여, 큰 뜻을 품으라")에 대한 답례로서, "이 대학 구내의 초록이 가짜 초록인 것을 간파해낼 수 없는 학문이라면 없어도 좋다. 미국의 청년이여, 분기하라. 미대륙의 자연이 허구의 자연이 돼버려도 좋다는 말인가"라고 대언장담을 하고 왔습니다.

조금 다른 이야기입니다만, 저는 앰허스트에서 처음으로 호텔에 묵었습니다. 그런데 거기서 제일 불안했던 것이 변기와 욕조와 화장거울이 하나로 되어있는 시설이었습니다. 변기 바로 앞면에 거울이 있습니다. 옆은 욕조입니다. 호텔만 그렇겠지 생각했는데, 일반 가정도 똑같아요. 변기 바로 옆에서 화장을 하는 것입니다. 그것도 여자가. 그것이 그들은 아무렇지도 않다고 합니다. 시간은 절약될지도 모르겠지요. 그것이 그들이 합리적이라 부르는 삶의 실상입니다. 인간에게 편리한 쾌적한 생활공간이 그것이라는 겁니다. 이것은 어떻게 보면 지구의 인류가 합리적이라고 생각하는 생활의 축도이자 대표적인 광경이 아닐까 하는 생각이 들었습니다.

"나는 생각한다, 그러므로 나는 존재한다"

어디로부터 이런 생각이 왔을까요? 데카르트로부터 왔다고 할 수 있습니다. 그는 "나는 생각한다, 그러므로 나는 존재한다"고 말했습니다. 나는 생각한다, 그러므로 이 세상이 존재한다는 것을 확신할 수 있다는 것입니다. 즉 '나는 생각한다'가 없으면, 아무것도 확인할 수 없을지도 모른다는 얘깁니다. 그러니까 인간이 우선 있다, 만물의 영장인 인간, 신의 아들인 인간, 최고의 동물로 만들어진 인간이 먼저 여기에 있다, 그로부터 모든 것이 시작되고 있다, 이 세상의 모든 것이 인간으로부터 시작되고 있다 ─ 인간이 실재를 증명하고 있다는 건데, 사실은 이런 사고방식이 자연을 인간을 위한 자연으로 만들고 있습니다.

동양의 사상에서는, 인간은 자연의 일원에 지나지 않습니다. 개나 고양이나 돼지, 지렁이나 두더지까지도 인간과 동렬에 있습니다. 정확히 말하자면 인간은 포유동물의 한 종류로서, 그 뒤 진화하여 태어난 동물에 불과합니다. 그뿐입니다. 인간이 돌이나 꽃과 어디가 다릅니까? 자연의 눈으로 보면 아무런 차이도 없습니다. 동류일 뿐입니다.

그런데 미국인은 "나는 생각한다. 그러므로 나는 존재한다"로부터 출발하고 있기 때문에 ─ 모든 자연은 인간을 위해 존재한다, 인간이 알기만 한다면 그것을 이용하는 것이 가능하다, 그것을 이용하는 것도 인간을 위해서라면 아무런 지장이 없다, 인간을 위해서라면 모든 것을 희생하더라도 지장이 없다는 관념에까지 나아갑니다. 동양인과 서양인의 가장 큰 차이가 여기에 있습니다. 나비나 잠자리를 희생해서라도 잔디가 푸르면 그것으로 족하다고 여깁니다. 인간존중이라면 존중이라고도 할 수 있습니다. 그러나 거기에는 뭔가 오만함이라고 할까, 불손함이라고 할까 하는 것이 있습니다.

변기 바로 옆에서 화장을 하는 일은 옛날의 일본인에게는 불가능한 일이었습니다. 근대 생활에 익숙해지면 익숙해질지도 모르겠지만, 그것이 쾌적한 생활이라고는 볼 수 없습니다. 아름다움이라든가 추함이라든가 참다움이라는 것이 원래의 의미와 뒤바뀌어 있는 듯이 느껴집니다. 그 이유는 역시 출발이 잘못되었기 때문입니다. 세미나에서는 데카르트에 관한 이야기로 하루가 지나가버렸지만, 좌우간 미국의 의식주는 고장이 나있다는 것이 제 생각입니다.

8~9부 능선밖에 모른다

후지산이 있습니다. 그런데 이 산을 올라갈 때 서양 사람은 왼쪽으로 올라가고 동양 사람은 오른쪽으로 올라갑니다. 가운데로 올라가는 사람은 없습니다. 온갖 길을 통하여 각기 산을 올라갑니다. 산 위에 떨어진 한방울의 물이 왼쪽으로 흐르면 서양철학이 되고, 오른쪽으로 흐르면 동양철학이 됩니다. 정상에 앉아있는 사람은 왼쪽에서 그리스도의 얼굴을 볼 수 있을지 모릅니다. 그러나 저는 진리라고 하는 것은 과거도 현재도 미래도 오직 하나밖에 없다, 누가 뭐라든 절대진리는 하나밖에 없다고 이야기합니다. 기독교인들은 기독교의 신밖에 신이 없다고 이야기할지 모릅니다. 불교도 역시 부처를 최고의 존재라고 할지 모릅니다. 그러나 진리는 하나밖에 없듯이 신도 하나밖에 없습니다. 하나밖에 없지만 여러 가지 얼굴로 보이는 것은 어떤 이유에서일까요?

'十'이라고 쓰고 혹은 '卍'이라고 씁니다. 신도(神道)는 '土'로, 대지에 십자가를 세운 모양입니다. 모든 종류의 종교 마크가 어딘가 공통점이 있습니다. 우도 없고 좌도 없다, 위도 없고 아래도 없다 — 제겐 이렇게 상대계를 초월한 자리를 나타내고자 한 것으로 보입니다.

산 아래에서 올라오는 사람은 그리스도의 말을 어떻게 들을까요? 정상 바로 앞에서 십자가를 보면, 십자가 마크와 교의가 최고의 종착점처럼 보입니다. 일본 신도(神道)의 신도는 도중에 토리이(鳥居: 신사 입구에 세우는 문 — 옮긴이)가 보입니다. 그들은 그것을 최고의 신이라고 생각합니다. 또한 남쪽으로 올라갔더니 절이 있었다고 하고, 절 안에는 부처님이 있으리라고 생각합니다. 불상 안에 부처님이 있을까요? 우리들이 느낀다거나 의논한다거나 이야기할 수 있는 것은 전부 이 과정에서의 일입니다. 정상이 아닙니다. 8부 능선이나 9부 능선까지밖에 모릅니다. 정상에 서면 신이 보이지만, 도중에서는 신이 보이지 않는데도 알고 있는 것처럼 신에 대해 이야기합니다. 그러나 신은 정상(상대계)을 초월한 공(空, 절대계)에 있으므로 말로 표현할 수 없고, 글로 쓸 수 없고, 그림으로 그릴 수도 없습니다.

저는 미국에서 유대인과 만나서 유대인의 종교라든가 사상에 대해 밤늦게까지 이야기를 나눈 적이 있습니다. 그들은 대단히 훌륭한 생각을 가지고 있었지만, 최후에 가서는 대단히 완고한 뭔가를 가지고 있었습니다. 기독교 이야기를 하든, 신도(神道)에 대한 이야기를 하든, 8부 능선이나 9부 능선까지의 이야기는 일치합니다. 그런데 정상에 관해서는 이야기가 일치하지 않습니다. 만약 정상에서 보는 하늘은 동일한 것이라고 한다면, 어느 쪽에서 올라가든 그 점에서 일치가 되어야 하지요. 정상 위의 하늘은 아무도 소유할 수 없습니다.

하늘은 서양인의 하늘이든, 일본인의 하늘이든, 미국인의 하늘이든 모두 같다고 하는 것과 같은 말입니다. 하늘처럼 빈 자리, 즉

공(空)에 이르면 틀림없이 하나라는 것을 알 수 있을 텐데 거기까지 갈 수 없기 때문에, 즉 8부 능선이나 9부 능선까지밖에 갈 수 없기 때문에 정상에 관한 이야기가 되면 도리 없이 상상할 수밖에 없습니다. 그래서 모두 제각기 뿔뿔이 흩어져버리게 됩니다. 이런 이유로 신(神)과 불(佛)의 합일, 종파와 교리의 일치가 불가능해지는 것입니다.

확대를 지향하는 기계문명의 종말

이제까지 말씀드린 것처럼 미국의 자연은 진짜 자연이 아닙니다. 그것은 서양과 서양철학이 인간을 주체로 해서 신과의 계약을 기초로 출발한 사회이며 사상이라는 점, 그리고 미국인은 육식인종으로서 육식을 위한 농업을 행해왔으며, 이런 것들이 악순환을 낳은 결과 미국의 자연은 이미 거의 다 파괴된 상태라는 것을 알아야 합니다. 자연 대신 기계문명이라는 것이 들어섰지요.

이와 같이, 미국의 농업과 자연이 전부 잘못돼버린 그 근본원인이 어디서 왔느냐 하면, 역시 앞서의 산 정상과 그 위 하늘의 이야기로 돌아가야 합니다. 지금까지 미국인은 모두 작은 것보다 큰 것이 좋고, 가난한 것보다 부유한 쪽이 좋다며 점점 확대의 방향을 향해 달려왔습니다. 정치와 경제는 물론 모든 분야가 확대의 방향을 향해 정신없이 달려왔습니다. 이것이 근대문명이며, 근대의 발달입니다. 그러나 이것은 정상으로부터의 타락의 길 이외에 아무것도 아닙니다. 그 결과는 오늘날의 기계문명, 뉴욕과 같은 도시문명입니다. 그곳에 있는 사람들은 모두 거기서 탈출하고자 하고 있습니다.

저는 뉴욕에서 며칠간 생활해보았습니다. 밤거리도 걸어보았습니다. 한사람 한사람을 만나보니 그 유명한 흑인 할렘 거리든 어디든 무섭다거나 두렵다는 느낌은 전혀 들지 않아요. 모두 대단히 좋은 사람들이라는 생각이 들더군요. 뱃속에서부터 시원스럽게 웃을 수 있는 이들은 오히려 저 흑인들이 아닐까 하는 생각조차 들었습니다. 그 큰 뉴욕 한복판에 술주정뱅이 거리가 있는데, 거기서 대낮부터 취해있는 사람들의 얼굴을 보고 있자면, 이것이 진짜 밝은 얼굴이라는 느낌을 받게 됩니다. 그런데 요령 좋은 사람, 똑똑한 사람, 생활이 풍요로운 사람의 얼굴을 보면 만족하고 있는 얼굴은 하나도 없습니다. 모두 비극의 궁지에 몰려있는 듯한 얼굴밖에 없습니다. 이것이 오늘날 기계문명이 처한 진퇴양난의 모습을 단적으로 표현하고 있다고 저는 생각합니다.

범죄의 소굴이라는 것도 사실입니다. 그리고 뉴욕은 문명에 대해 절망감을 느끼게 해주는 도시이기도 합니다. 석유가 떨어진다고 할 때, 제일 먼저 파괴될 수밖에 없는 곳은 바로 그곳입니다. 그렇게 말할 수밖에 없는 상태가 돼있습니다. 그들은 거기에서 뛰쳐나오려고 하고 있습니다.

제가 캘리포니아의 자연은 자연이 아니다, 모조, 즉 가짜 자연이다, 캘리포니아만이 아니다, 미국 동부의 자연도 자연이 아니라고 잘라 말하자, 마침내는 수긍하였습니다. "그럴지도 모른다. 우리도 그것을 알고 있다. 그것을 전환하려고 하고 있기 때문에 당신을 부른 것이다"라는 것이었습니다. 역시 자연농법을 받아들이려는 자세가 있었습니다 — 아무리 자연이 파괴되어 있더라도 드넓은 대륙이다, 여기에는 무한한 가능성이 있다, '작은 것보다 큰 것이 좋다'는 사고에서 전환하여 이번에는 역으로 큰 것보다 작은 것, 발달보다 발달하지 않아도 좋지 않은가, 살아있는 그것만으로도 좋지 않으냐.

앰허스트 세미나에서 저는 이런 이야기를 했습니다.

"저는 아무것도 하지 않아도 되는 농사를 위해, 그러한 생활을 위해, 되도록 아무것도 하지 않고자 노력해왔을 뿐입니다. 40년에 걸쳐서, 저런 것은 하지 않아도 좋지 않을까, 또한 이렇게까지 하지 않아도 좋지 않을까 하며, 되도록이면 아무것도 하지 않는 방법으로 농부의 길을 걸어온 데 지나지 않습니다.

인생에는 목표가 있으며, 어떻게 사는 것이 보람 있는 삶이냐는 말을 하지만, 인간에게 목표 따위는 본래부터 없습니다. 하지 않으면 안되는 일이란 하나도 없다는 것을 저는 40년 전에 알았습니다. 그 모두가 인간이 제멋대로 정해놓은 것에 지나지 않습니다. 부유해지고 행복해지리라는 착각 속에서, 헛된 목적을 세우고 있는 것에 지나지 않습니다. 아무것도 하지 않으면 보잘것없는 삶이 되고, 보람 없는 생활이 되지 않겠냐고 할지 모르지만 전혀 그렇지 않습니다. 그 반대입니다. 아무런 일도 하지 않고, 아무런 목표도 없이 한가하게 낮잠을 자며 지낼 때 거기서 가장 유쾌한 세계가 전개됩니다.

인간은 아무것도 하지 않는 일밖에 할 일이 없습니다. 만약 제가 사회활동을 하고자 한다면, 아무것도 하지 않는 운동을 하는 것밖에 달리 할 운동이 없습니다. 모든 사람들이 아무것도 하지 않게 되면 자연히 세상은 평화롭게 되고, 풍요로워지며 이러쿵저

러쿵 말할 일들도 사라질 것입니다."

이러한 제 이야기는 대단한 공감을 일으켰던 것 같습니다. 캘리포니아의 캠프에서는 돌아가는 즉시 농부가 되겠다, 자연농법으로 농사를 지어보겠다는 사람도 나왔습니다.

전략무기로서의 식량

미국은 강대하며 풍요로운 국가지만 반면 대단히 위험한 나라이기도 합니다. 미국에서는 많은 식량을 생산해내고 있습니다. 그런데 그것은 사용 방법에 따라 세계를 구원할 수도 있고 혼란에 몰아넣을 수도 있습니다. 현재는 전략무기 쪽으로 사용되고 있습니다. 석유를 변화시켜 만든 식량이기 때문에 그렇게 하지 않을 수 없습니다. 어딘가 가지고 가서 이익을 남기고 팔지 않으면 안 됩니다. 그것을 나라의 기둥으로 삼고 있기 때문이지요. 그러므로 카터 대통령이 일본에 오렌지를 사 달라, 밀을 사 달라고 하는 것입니다. 일본이 쌀이 남아 베트남에 보내고자 하면 미국 국무성으로부터 일갈이 있습니다. 일본이 남는 쌀을 동남아시아에 보내면, 미국 곡물이 팔리지 않게 되므로 그러는 것입니다. 그러면 일본 농림성은 바짝 움츠러들어 아무것도 보내지 못합니다.

오늘날 식량이 미국의 전략무기가 되어있습니다. 그런데 이러한 흐름을 전환하여 모두가 동양인이 과거에 해왔던 농법 또는 자연농법을 실현하는 것이 어떠냐는 것입니다. 넓은 토지를 이용해서 이웃 나라에 팔 먹을거리를 만드는 것이 아니라, 좁은 면적에서 풍부한 식량을 생산하여 풍요로운 생활을 하면 그것으로 문제가 수습됩니다. 치코평원의 3,000정보의 농가는 한해 벼농사를 짓고, 다음해에는 피 퇴치만으로 땅을 놀리고, 그 다음해에는 여름 보리농사를 짓는데, 그럼 3년에 한번밖에 벼농사를 지을 수 없습니다. 매년 벼농사를 짓고 더욱이 벼 후작물로 보리농사를 지으면 전분 생산량이 3배가 됩니다. 제가 치코평원의 어떤 농장주에게 캘리포니아 평원만으로도, 주(州)정부가 그럴 마음만 있다면, 3년 동안이면 일본 전체 생산량과 같은 양의 벼를 생산할 수 있는 가능성이 충분히 있다고 하자, 그 농장주는 "그렇다면 그것은 혁명이다"라며, 즉석에서 자연농법으로 전환했습니다.

태양은 풍부합니다. 물도 충분히 있습니다. "이런 평원에서 벼농사를 지으면 일본은 망한다. 여기서 마치 쌀 증산운동 같은 이야기를 이렇게까지 해도 괜찮다고 생각하느냐?"며 저를 만류하던 사람도 있었습니다. 정말 처음에는 그렇게 생각했습니다. 무한한 자원이 있는 여기서 벼농사를 지으면 일본 농민은 잠시도 지탱해 갈 수 없을 것만 같았습니다. 그러나 생각해보면 그렇지 않습니다. 미국의 농민이 가난하기 때문에 이렇게 됐다는 것을 알게 됐습니다. 미국 농민이 일본 농민보다 나은 음식을 먹고 있고 풍요롭고 즐거운 생활을 하고 있다면, 다른 나라에 뭔가를 팔 이유가 없습니다. 다른 나라에 식량을 팔지 않으면 안된다는 것은, 사실은 가난하기 때문입니다.

마지막으로 유엔에서 저를 불러, 거기서 이야기를 하게 됐는데, 그때 저는 이런 이야기를 했습니다. "미국의 농민이나 국가는 풍요롭지 못하다. 미국은 실은 가난한 나라다. 먹을거리는 보잘것없고, 대지는 척박하고, 자원도 아무것도 없는 것이 아니냐? 없기 때문에 석유를 사들여 그것으로 식량을 생산해서 그 식량을 외국에 수출해, 그것을 무기로 삼아 세계를 지배할 수 있으리라는 착각을 가지고 있는 것이 아니냐? 당신의 나라가 정말 풍요로운, 자연의 혜택에 의한, 생명의 샘과 같은 식량을 생산하여 국민 모두가 풍요로운 식생활을 하도록 해보라. 그렇게 하면 아무것도 다른 나라에 수출할 것이 없을 것이다."

캘리포니아의 선키스트 회사가 일본의 밀감농사를 압박하고 있습니다. 그런데 캘리포니아를 달리며 시골 농부나 길거리에서 과일을 사보면 1달러에 과일 한아름, 커다란 멜론을 세개씩이나 살 수 있습니다. 그런데 일본에선 그 멜론이 한개에 1,500엔이 넘는 가격에 팔리고 있는 것입니다. 미국의 과일·채소재배 농민은 아무런 이득도 얻지 못하고 있습니다.

미국의 농민이 일본을 압박하는 것이겠습니까? 농민이 압박하고 있는 것이 아닙니다. 미국의 대기업이나 유통기구가 농산물을 일본에 가져오는데, 이들 극소수의 회사가 일본 농민을 괴롭히고 있는 것입니다. 그리고 거기에 가세하는 것이 도쿄 사람들입니다. 식량이 어떻게 생산되는지, 어떤 구조에서 가격이 정해지고 있는지 그들은 전혀 모릅니다. 미국에 대해서도 모릅니다. 일본 농민의 사정에 대해서도 모릅니다. 소비자는 싸고 단 것이 들어오면, 그것으로 좋다고 생각하고 있습니다.

일본의 소비자는 물론 지도자들도 모두 잘못돼 있다고 할 수밖에 없습니다. 모두가 남의 탓만을 하고 있는데 사실은 모두가 똑같습니다. 동일한 죄를 범하고 있습니다. 동일한 인식 — 싸고 맛있는 것을 먹을 수 있도록 해주면, 어느 누구 할 것 없이 모두 다 그것으로 좋다, 미국 과일이든 일본 과일이든, 미국 쌀이든 일본 쌀이든 상관없다고 생각하고 있습니다. 그게 얼마나 잘못된 생각인지 아무도 알아채지 못하고 있습니다(미국 전역의 슈퍼마켓에서 팔리고 있는 쌀 가격은 60킬로그램 한가마에 1만2,000엔으로 일본의 반값인데, 가솔린 가격도 반값이었습니다).

진짜 풍요로움이란 어떤 것인지, 그리고 어디에 어떤 작물을 재배해야 하느냐에 대해서도 그들은 모르고 있습니다. 먹을거리 생산의 원점은 신토불이(身土不二), 자급자족입니다. 국제분업론이 터무니없이 잘못됐다는 사실은, 미국의 단품종 대량 생산·유통구조가 미국 내 식생활 빈곤의 원인이 돼있는 것을 보면 잘 알 수 있습니다. 지금 미국은 고도의 문명을 자랑하며 그 유지와 번영을 위해 무기와 식량, 딱딱하고 부드러운 이 두가지를 전략무기로 삼기 위해 기를 쓰고 있는 듯 보입니다. 그러나 그 전략은 안으로 들어가보면, 모순이 도처에서 폭로되며 붕괴되고 있는 것을 볼 수 있습니다.

보스턴대학 원자로실험실에는 원형 건물 외벽에서 방사능이 새서 풀이 돋아나지 않는 곳이 있습니다. 철망 너머에서 보는데도 기분이 오싹합니다. 스리마일섬에서 칠면조 스무마리(그중 세마리는 방사능으로 죽었다)를 데리고 도망친 청년 스무명과도 만났습니다. 저는 "이 산에서 자연농법으로 자급자족하고, 무(無)에너지 생활이 얼마나 즐거운 것인가를 실천해 보이는 것이 원폭 반대운동보다 세상에 더 도움이 될 것이다"라고 격려하고 왔습니다.

크게 환영받았던 인디언 농장에서는, 침상에서 밤하늘의 별을 바라볼 수 있는 천장 구조에 진짜 숙면이 있다는 것도 깨달았습니다.

저는 미국 문명의 붕괴는 살벌하기조차 한 뉴욕의 낡고 거친 택

시로 상징된다고 생각했고, 미국 농민의 빈곤, 볼품없는 식탁 등에서 서양철학의 착오에서 출발한 그릇된 농법이 자연을 망치고 땅을 죽이고 사람들까지 망쳐가는 현실을 볼 수 있었습니다. 잘못된 농사법이 도시문명을 정말로 미치게 만든다는 사실을 미국에서 확인할 수 있었던 것입니다.

핵과 식량이라는 이 두가지 전략으로서 세계를 지배할 수 있다고 확신하고 있는 미국정부의 철학에 누가 감히 반격을 할 수 있겠습니까?

저는 과거 인디언의 생활을 지금의 미국이야말로 먼저 배우지 않으면 안되리라고 생각합니다. 대자연의 '위대한 정신'이라고 불리는 아메리카대륙 정신의 부활에 한가닥 희망을 걸고 귀로에 올랐습니다. 그런데 이것은 미국에 관한 이야기이자 일본에 관한 이야기이기도 합니다. 되돌아보면 가슴 무거운 것은 미국을 추종하고 있는 일본의 현실입니다.

후기

 이상에서 저는 자연농법과 자연식에 대한 제 어리석은 의견을 이야기했습니다만, 그것은 자연농법과 자연식이 표리일체의 것이기 때문입니다. 자연식이 확립되어 있지 않으면, 농민은 무엇을 재배해야 할지 갈피를 못 잡게 되기 때문입니다. 또한 자연농법이 확립되어 있지 않으면, 자연식의 보급 또한 헛된 일로 끝나고 말 것이 불을 보듯 뻔하기 때문입니다. 더욱이 중요한 것은 자연식은 물론 자연농법 또한 자연인이 아니면 달성할 수 없다는 점입니다. 삼위일체입니다. 삼자는 동시에 출발해서 동시에 달성되는 것이므로, 이 모든 것이 이상촌, '하늘나라'를 만들기 위한 것이라는 점을 잊어서는 안됩니다.

 그런데 자연이란 무엇인가? 자연인이란 무엇인가? 이 한마디에조차 답을 할 수 없습니다. 오늘날 자연식이나 자연농법이나 모두 백가쟁명으로, 자연식에 관한 책이 범람하고 있고, 과학농법에 대한 유기농법, 미생물농법, 효소농법 등이 선전되고 있습니다. 사람들은 혼란을 거듭하면서도 발달하는 것이 세상의 본래 모습이라며 안심하고 있는 듯한데, 그러나 목표 없는 분열적이며 확산적인 발달은 그대로 사상의 혼란을 부르고 인류의 붕괴를 낳을 뿐입니다. 지금이야말로 자연이란 무엇인가를, 그리고 그 속의 인간이 해야만 할 것과 해서는 안되는 것을 명확히하지 않으면 안됩니다. 그렇게 하지 않으면 돌이킬 수 없는 일이 벌어지게 됩니다.

인간은 많은 일을 해왔지만 하나도 제대로 된 것이 없이 모든 것을 잃어버리고 있습니다. 일개 농부인 저의 이러한 우려가 하나의 기우에 지나지 않으며, 미친 자의 허튼소리에 지나지 않을 뿐이라면 더없이 좋겠습니다만.

바람의 마음

인류문명의 원심적 발달은 극한에 달했다.
이대로 팽창해가며 붕괴해갈 것인가
반전하여 구심적으로 수축해갈 것인가
멸망인가 부활인가
기로에 선 인간.
발 아래 대지는 붕괴되기 시작했고 하늘도 어두워졌다.
육체의 붕괴는 의학의 혼란을 부르고
정신의 분열이 교육의 혼미를 낳고
사회의 불안이 도덕의 황폐로 이어진다.
이래도 좋은 것일까?
사람들은 애를 쓰며 울고 웃는다.

무엇을 하면 좋을지 모르는 채 우왕좌왕
그런데도 여전히
외곬으로 인간의 지혜를 믿으며
뭔가를 하는 것에 의해
모순을 해결할 수 있으리라고 기대한다.
어리석은 동물은 어리석은 일을 모르므로 바보짓을 하지 않는 반면
영리한 인간은 어리석다는 것을 알면서도 바보짓을 한다.
종말이 가깝다는 것을 알고
미래를 꿈꾼다.
지구 오염을 탄식하는 자
인간의 지혜를 과시하는 자
모두 인간을 사랑하고 있지만
누가 자연을 수호하고
누가 인간을 혼란 속에 빠뜨리고 있는지 모른다.
친쥬(鎭守)의 숲은 식물생태학자나 농부가 만든 것이 아니다.
인간을 지키는 자는 누구이고, 심판하는 자는 누구인가.
세토내해가 석유로 오염되어
양식 중인 방어가 전멸했다.
어부는 몹시 화를 냈지만 생각해보면
고기 잡는 망을 석유로 만들면서부터
배를 가솔린으로 몰 수 있게 되고부터
어획량이 급속히 늘어났다. 그러나 다음해부터
고기가 격감하여 양식어업으로 전환했다.
그 양식 방어가 석유로 인해 죽어버렸다.

오염이 심해지며 적조현상이 발생했다.
고기도 죽고 김도 죽었다. 바다도 죽었다.
세토내해 고기 맛을 돌려놓으라고
생선횟집 사람들이 선두에 서고
주부들이 소란을 떨며 공장으로 몰려가보면
공장의 폐수보다 농민의 화학비료나 농약이
하천으로 스며들며 적조의 원인이 되고 있다는 것이다.
그런데 왜 농부를 그냥 두고 있느냐고 오히려 되물어서
농민한테 가보면 농부는 쌀 생산량이 줄어들어도 좋으냐고 한다.
관청 창구에 가면
폐수처리장 부지 마련이 선결 과제라며 퇴짜를 놓는다.
적조 대책의 명안을 학자에게 자문하면
초단파 광선으로 플랑크톤은 간단히 죽일 수 있다고 한다.
플랑크톤이 죽어서 바다 밑에 퇴적되면
몇백년 뒤에는 석유가 된다.
과연 명안이지만 그때까지 인류는 살아남을 수 없다.
세토내해를 한층 오염이 심한 뻘 바다로 만들고
플랑크톤을 배양하여
그것을 석유 원료로 만들 수 있다면 석유 부족도 해결할 수 있다.
그렇다면 아랍 석유는 필요없게 된다.
대형 유조선이 말레이 바다에서 침몰한다거나
석유 벙커의 파손을 걱정할 필요도 없어진다.
그렇다면 그것이야말로 명안이라고 할지 모르지만
그러나 기다려라.
대형 유조선이 쓸모없게 되면

철이 쓸모없게 되며 제철소의 전력 수요가 줄어든다.
그러면 원자력발전소 건설에도 금이 생긴다.
그래서는 노동자가 밥을 먹을 수 없다. 역시…
과학자가 좇는 끝없는 꿈과
할 일은 우선 이런 일이라는 것이다. 그러나…
아아 하기 힘든 이야기가 돼버렸다.
다시 한번 최초의 자리로 돌아가보자.
문제는 사람은 선한가 악한가로부터 시작하여
자연은 선이다 아니다 악이다고
다투기 시작했을 때부터 출발했다.
자연은 선도 아니고 악도 아니다.
자연은 약육강식의 세계도 아니며 공존공영의 세계도 아닌데
멋대로 이렇다 저렇다 단정해버린 것이 재앙의 뿌리였다.
인간은 아무것도 하지 않아도 좋았던 것인데
뭔가 하면 기쁨이 늘어날 것처럼 생각했다.
사람이 만든 것에는 본래 가치가 없는데
그것을 필요로 하는 조건을 만들어놓고
그것에 가치가 있는 것처럼 착각했다.
이 모든 것이 자연을 떠난 인간의 앎이 홀로 하는 씨름이다.
무지(無智), 무가치(無價値), 무위(無爲)의 자연으로 돌아가는
길밖에 다른 길이 없다.
일체가 헛되다는 것을 알면 일체가 다시 살아난다.
이것은 한그루의 벼가 가르쳐 준 녹색의 철학이다.
땅을 갈지 않았고 비료를 주는 일도 없었다.
농약을 뿌리지도 않았고 풀을 뽑지도 않았다. 그런데

벼는 놀랍도록 잘 여물었다.
이 한그루의 벼가 모든 것을 가르쳐주고 있다.
볍씨를 뿌리고 보릿짚을 흩어뿌리면
그것만으로도 쌀이 된다.
그것만으로도 이 세상은 변한다.
녹색의 인간혁명은 짚 한오라기로부터 가능한 것이다.
지금 당장 누구라도 시작할 수 있기 때문에

1975년 한여름
후쿠오카 마사노부

소원

 이 세상만큼 아름다운 세계는 없다.
 나는 젊을 때, "살아있다는 것만으로 좋다"는 것을 깨우친 뒤 인위가 일체 무용하다는 것을 알고, 어슬렁어슬렁 귀도(歸道)의 인생을 즐기고자 마음을 정하고 있었다. 그러나 어리석은 나는 슬프게도 초심과는 달리 얼쩡얼쩡 속세를 돌며 옆길 인생으로 일희일비, 앗 하는 사이에 50년이 지나가버리고 이제 남은 시간이 얼마 안된다. 요즘은 산오두막에 틀어박혀, 농원도 올해부터는 비공개로 하며 모든 방문을 거절하고 있는데, 그것은 남아있는 시간을 소중히하고 싶기 때문이다.
 세상과 정보로부터 떠나 산오두막에 몸을 숨기고 사니 무엇보다 좋은 것은 시간을 잊을 수 있다는 것이다. "오늘이 며칠일까?" 이렇게 날짜 가는 것도 잊어버리고 사는 사이에, 오늘 하루가 일년이 되며 지난해에 소말리아에서 만난 유목민처럼, "음, 내가 몇 살이던가?" 하는 상태가 되면 좋다. 요즈음 나는 나이를 잊기로 하고 건강할 때 죽을 수 있기를 항상 명심하고 있다. 그렇기 때문에 아무런 약속도 하지 않는다. 어제를 잊고 내일을 생각하지 않으며 나날의 일에 최선을 다하며 내 족적을 되도록이면 조금이라도 남기지 않도록 할 일이라고 생각하고 있다.

매일 이 농원은 에덴의 동산, 나는 가슴 설레는 영감들로 행복하다. 자연농법은 영원한 미완성의 길, 자연은 인지나 인위로 찾아낼 수도, 만들어낼 수도 없다. 그래서 나는 마음 가벼이 가급적 아무것도 하지 않는 방법으로 자연농원 만들기를 즐기고 있을 뿐이다. 아무튼 자연 속에서 신과 함께 사는 데는 타인의 힘을 빌리는 것도 타인에게 힘을 빌려주는 것도 불가능하다. 제멋대로라는 이야기를 듣더라도 나는 홀로 내 길을 갈 수밖에 없다. 나의 이 길을, 사람들이 이대로 가만히 내버려둬주었으면 좋겠다는 것이 지금 나의 심경이다.

> 무문(無門)의 대도, 인기척이 없다.
> 하늘은 조용하지만 땅은 소란하다.
> 누가 일으키는가 이 풍파를
> 오른쪽이다 왼쪽이다 치고받고
> 뭐가 좋고 뭐가 나쁘다는 것인가.
> 부채 바람의 안쪽과 바깥쪽
> 어느 쪽이나 똑같다.
> 인적 없는 산오두막
> 오늘 하루가 백년
> 무, 유채꽃이 한창이다.
> 서력 2000년 달무리

무아몽중에 이 세상 저세상 지나치는
덧없는 몸, 헛된 여행
뒤에는 들이 되리, 산이 되리.

1986년 초봄
후쿠오카 마사노부(福岡正信)

옮긴이의 글

이미 여러 군데 썼던 것으로 기억이 난다. 내 인생을 바꾼 한권의 책이 있다고. 그 책이 이 책이다. 스물여덟에 만난 이 책은 내게 복음이었다. 이 책으로 나는 중학교 1학년 때부터 시작된 방황을 마침내 끝낼 수 있었다. 나는 소명을 얻은 것이었다. 나는 베드로처럼 곧바로 그물을 놓고 길을 나섰다. 그리고 스무해 이상이 지났다.

그때, 그 어린 나이에 나는 이 책을 통해 무엇을 깨우친 것일까? 이 책의 무엇이 나를 한방에 바꾼 것일까?

모든 사람이 자꾸 자연/신에서 멀어지고 있다. 하지만 너는 돌아가라. 돌아가 농사를 짓고 살아라. 그것이 가장 좋다.

자연농법이란 자연/신을 섬기는 일이란다. 그러므로 자연농법으로 농사를 짓고 산다는 것은 대지의 사제로 사는 것과 같다. 논밭에서 먹을 것만 구하는 게 아니고 자연과 하나가 되는 자기완성의 길을 도모해가는 거지.

　인간의 앎이란 다 가짜란다. 인류는 제대로 알고 있는 것이 하나도 없다고 보면 틀림없다. 그 사실을 깊이 깨닫고 네가 겸손할 때 너는 논밭이나 삶 속에서 늘 자연/신을 만날 수 있다.

　많은 땅이 필요없다. 작은 세계에 철저하라. 거기서 큰 세계가 열린다. 소농(小農)에서야말로 대도(大道)를 연구할 수 있는 것이다.

　얼마나 좋았는지 모른다. 나는 만나는 사람마다 붙잡고 내가 만난 복음을 이야기하지 않을 수 없었다. 나만이 아니다. 많은 사람들과 단체가 이 책을 읽고 영향을 받은 것으로 알고 있다.

　우리가 먹는 것은 어디서 오는가? 모두 어머니 지구로부터 온다. 우리가 먹는 것은 죄다 어머니가 내어주는 어머니 지구의 젖이고, 그 젖을 받아내는 것이 농사인 것이다. 하지만 우리 모두는 그 사실을 모르고 있다. 돌아보라. 지금 우리 모두는 어머니 지구에게 어떻게 하고 있는가? 우리 모두는 지구가 우리의 어머니인 것조차 모른 채 어머니에게 해서는 안되는 짓을 너무 많이 하고 있다. 내가 보기에 인류는 모두 호래자식이다.

　지구의 다른 자식들 곧 새, 산짐승, 물고기, 벌레 등은 어떤가? 그 형제들은 사람과 달리 어머니 지구의 품 안에서 평화롭게 살아간다. 모두 어머니가 주시는 것에 만족하며 더 바라지 않는다. 그들은 절대 어머니를 해치는 짓을 하지 않는다. 우리 인류는 그 형제들 — 새, 물고기, 벌레, 산짐승 등으로부터 어머니 지구에서 살아가는 법을 배워야 한다.

　이 책은 자연농법이란 이름으로, 내가 아는 한, 어머니 지구를 가장 덜 훼손하며 인류가 먹을 것을 얻어낼 수 있는 방법을 우리에게 이야기하고 있다. 사람이 찾아낸 방법 중에서는 가장 효성스런 삶의 방법인 것이다. 우리는 그동안 아주 오래도록 너나없이 농사라는 이름 아래 우리의 형제인 풀과 벌레와 싸워왔다. 어머니를 알지 못하므로 벌레와 풀이 형제인 줄도 모르는 채 아무 생각 없이 보이는 대로 죽이는 길을 우리는 걸어온 것이다. 어머니나 형제는 어찌 되든 나만 어머니로부터 더 많이 얻으려고 발버둥 치는 길을 걸어온 것이다. 그 결과, 지구는 평화를 잃어버렸고, 말할 수 없이 더러운 곳으로 변해버렸다.

  어떻게 먹느냐는 매우 중요하다. 인격이 거기서 다 드러나고, 인류는 물론 지구의 흥망조차 거기에 걸려있기 때문인데, 안타깝게도 우리 인류는 지금 형제의 것까지 가로채 게걸스럽게 먹는 천한 방식으로 지구를 살고 있다. 이 책은 말한다, 지구가 천국이다. 이 말에 동의하지 못하겠다 싶은 사람은 우주 지도를 놓고 보라. 어느 별로 가겠는가? 그러므로 우리가 할 수 있는 가장 귀한 일은 어머니 지구를 섬기는 일이다. 어머니가 건강하게 사시게끔 돌보아드리며 형제들과 사이좋게 사는 것이다. 이 밖에 달리 어떤 길이 있겠는가?

  오래 죽어있던 책이다. '전세계 자연주의자들의 경전'이라는 이 책을 녹색평론사 덕분에 다시 살려내 세상에 내놓게 됐다. 기쁘고 감사한 마음 정말 크다.

최성현

저자

후쿠오카 마사노부(福岡正信)

1913년 에히메(愛媛)현 이요(伊予)시 오오히라(大平) 출생
1933년 기후(岐阜)고등농업학교 농학부 졸업
1934년 요코하마(横浜)세관 식물검사과 근무
1937년 일시 귀농
1939년 고치(高知)현 농업시험장 근무
1947년 귀농 이후 자연농법 외길을 추구
1988년 인도의 타고르국제대학학장 라지브 간디 전 수상으로부터 최고 명예학위를 수여
동년 아시아의 노벨상이라 불리는 필리핀 막사이사이상(시민에 대한 공공봉사 부문) 수상
2008년 작고

주요 저서

《무 I – 신의 혁명》, 《무 II – 무(無)의 철학》, 《무 III – 자연농법》,
《자연으로 돌아가다》, 《'자연'을 살다》,
〈DVD북 – 자연농법 후쿠오카 마사노부의 세계〉

역자

최성현

1956년 출생. 강원도 홍천에서 자급농으로서 살고 있음.

저서

《바보 이반의 산 이야기》, 《좁쌀 한알》, 《산에서 살다》, 《시코쿠를 걷다》 등

역서

《생명의 농업》, 《신비한 밭에 서서》, 《여기에 사는 즐거움》,
《경제성장이 안되면 우리는 풍요롭지 못할 것인가》(공역),
《어제를 향해 걷다》 등

자연농법 철학
짚 한오라기의 혁명

초판 제1쇄 발행 2011년 9월 9일
　　　제12쇄 발행 2025년 1월 31일

저자　후쿠오카 마사노부
역자　최성현
발행처　녹색평론사

주소　서울시 종로구 돈화문로 94 동원빌딩 501호
전화　02-738-0663, 0666
팩스　02-737-6168
웹사이트　www.greenreview.co.kr
이메일　editor@greenreview.co.kr
출판등록　1991년 9월 17일 제6-36호

ISBN 978-89-90274-68-7 04100
ISBN 978-89-90274-57-1(세트)

값 12,000원